Briefe und Tagebuchaufzeichnungen Willy Kükenthals
von seiner Reise in den Malaiischen Archipel 1893–1894

Sybille Bauer

Briefe und Tagebuchaufzeichnungen Willy Kükenthals von seiner Reise in den Malaiischen Archipel 1893–1894

Sybille Bauer
Berlin, Deutschland

ISBN 978-3-662-54876-9 ISBN 978-3-662-54877-6 (eBook)
https://doi.org/10.1007/978-3-662-54877-6

Die Deutsche Nationalbibliothek verzeichnet diese Publikation in der Deutschen Nationalbibliografie; detaillierte bibliografische Daten sind im Internet über http://dnb.d-nb.de abrufbar.

Springer Spektrum

Planung: Stefanie Wolf

Gedruckt auf säurefreiem und chlorfrei gebleichtem Papier.

Springer Spektrum ist Teil von Springer Nature
Die eingetragene Gesellschaft ist Springer-Verlag GmbH Deutschland
Die Anschrift der Gesellschaft ist: Heidelberger Platz 3, 14197 Berlin, Germany

Vorwort

Im Frühjahr 1893 erhält Willy Kükenthal von der Senckenbergischen Naturforschenden Gesellschaft den Auftrag, für ein Jahr in den Malaiischen Archipel zu reisen und dort zoologisches Material zu sammeln. Insbesondere von Interesse war die Inselgruppe der Molukken und am wichtigsten die Erforschung von deren größter Insel Halmahera.

Im Herbst 1893 reist Kükenthal aus Jena ab und kehrt nach einem Jahr wieder dorthin zurück, nachdem er den Auftrag der Gesellschaft erfüllt hat. Im Laufe seiner Forschungsreise schreibt er regelmäßig Briefe an seine Frau Margarethe, die in Jena mit den beiden kleinen Töchtern zurückgeblieben ist. Während eines vierwöchigen Aufenthaltes in Sarawak schreibt er außerdem ein Tagebuch.

Diese Briefe Kükenthals und das Tagebuch fanden sich 2014 im Nachlass seines Enkels Dr. Klaus Bauer. Die Antworten Margarethe Kükenthals sind nicht erhalten. Ferner fanden sich in diesem Nachlass verschiedene persönliche Dokumente Kükenthals sowie eine Fülle von Postkarten und leeren Briefumschlägen aus aller Welt, an Kükenthal adressiert, aber nicht ihres Inhaltes wegen bewahrt, sondern weil ihre Briefmarken offenbar einen Wert darstellten.

In dieser Transkription werden Kükenthals Briefe an seine Frau von seiner Reise in den Malaiischen Archipel und sein Tagebuch aus Sarawak ediert. Auch die Briefe, die Kükenthal während seiner Reise an Ernst Haeckel und wenige andere Personen geschrieben hat, sind mit aufgenommen, ebenso ein Brief von Margarethe Kükenthal an Ernst Haeckel.

Bei meiner Arbeit erhielt ich viel Unterstützung, für die ich mich hier bedanke. Thomas und Joachim Wedel stellten mir Bilder von Kükenthal zur Verfügung. Prof. Dr. Walter Michaelis überließ mir einen umfangreichen maschinengeschriebenen Bericht Kükenthals über seine Forschungsreise zu den Westindischen Inseln. Lena Laps danke ich für die Erlaubnis, die von ihr angefertigten Fotografien von Waffen, die Kükenthal von der Reise in den Malaiischen Archipel 1894 mitgebracht hat, und die 2014 im Privatbesitz von Dr. Henrike Bauer waren, wiederzugeben. Dr. Pieter Schmidt und Jonathan Verwey, MA, Bibliothekaris-Archivaris-Documentalist im „Koninklijk Tehuis voor oud Militairen en Museum Bronbeek", Niederlande, danke ich für ihre Hilfe.

Für die vorliegende Publikation war Arbeit in Archiven in Jena, Wrocław und der Historischen Arbeitsstelle des Museums für Naturkunde Berlin notwendig. Ich bedanke mich insbesondere bei Krzysztof Korén, Wrocław, Dr. Sabine Hackethal und Antje Dittmann, Berlin, für ihre Unterstützung. Carsten Eckert danke ich für guten kollegialen Rat.

Mein Dank gilt auch Stefanie Wolf, die im Springer Verlag Heidelberg meine Arbeit in bewährter Weise erneut mit großem Verständnis begleitet hat.

Nach Abschluss meiner Arbeit werde ich Kükenthals Briefe, sein Tagebuch sowie die Postkarten und weiteren genannten Unterlagen an die Historische Arbeitsstelle des Museums für Naturkunde Berlin übergeben.

Berlin, im April 2017 Dr. Sybille Bauer

Abkürzungen, Zeichen, Erläuterungen

Abkürzungen

ebd.	ebenda
EHH	Ernst-Haeckel-Haus
Engl.	Englisch
HA	Historische Arbeitsstelle des MfN
HBSB	Historische Bild- und Schriftgutsammlungen im MfN
mal.	Malaiisch
M. K.	Margarethe Kükenthal
MfN	Museum für Naturkunde Berlin
NDB	Neue Deutsche Biographie
Niederl.	Niederländisch
Norw.	Norwegisch
RB	nicht publizierter, maschinenschriftlicher Reisebericht von W. K. über seine Reise zu den Westindischen Inseln, 1906/07
s.	siehe.
Tb XV.	Tagebuch von Willy Kükenthal aus dem Jahr 1894
UAB	Universitätsarchiv Wrocław

UAJ	Universitätsarchiv Jena
W. K.	Willy Kükenthal
ZM	Zoologisches Museum Berlin

Zeichen in der Transkription

[. . .]	Durchgestrichen
/. . . /	Über die Zeile geschrieben
-unl.-	Nicht entzifferbar
{. . . }	Das Datum oder ein Buchstabe fehlt und ist erschlossen.

Geografische Bezeichnungen

Celebes	heute Sulawesi.
Batavia	heute Jakarta.
Buitenzorg	heute Bogor.

Erläuterungen zur Transkription der Briefe von Willy Kükenthal aus dem Malaiischen Archipel sowie seines 1894 in Sarawak geführten Tagebuchs

Die Orts- und Datumsangaben der Briefe und die Datumsangaben des Tagebuchs sind im Druck hervorgehoben. Zeilenumbrüche und Seitenumbrüche der Originale sind nicht beibehalten. Die Briefe enthalten eine Zeichnung, das Tagebuch drei. Sie werden wiedergegeben.

Die historische Orthografie ist beibehalten, zum Beispiel: repräsentirt, transportiren, dunkelrothen, Muskatblüthe, Schaaren, etwas dümmeres (alle: Brief vom 23.12.1893.) Das gilt auch für alle Inkonsistenzen der Orthografie, zum Beispiel: daß/dass (Brief vom 3.11.1893). Ebenfalls ist die Zeichensetzung unverändert übernommen. Abkürzungen sind nicht aufgelöst, sie sind aus dem Kontext erschließbar.

Die teilweise heute nicht mehr gebräuchliche Orthografie zoologischer und botanischer Fachtermini ist beibehalten. Sie wurde mit der Publikation von Kükenthals „Ergebnisse einer zoologischen Forschungsreise in den Molukken und Borneo, im Auftrage der Senckenbergischen naturforschenden Gesellschaft. Erster Teil: Reisebericht", ferner durch die in der Literaturliste angegebene Literatur abgeglichen. Die Transkription gibt Kükenthals Schreibweise botanischer Termini auch dann so wieder, wie sie geschrieben sind, wenn dieser Abgleich zu dem Schluss führte, dass seine Schreibweise abweichend von der zeitgenössischer Botaniker oder gänzlich unklar ist. Zum Beispiel findet sich in dem in Sarawak ab 8. August 1894 geführten Tagebuch XV. unter „5. Flora" die Schreibung Diptocarpus. Haberlandt schreibt: Dipterocarpus, Dipterocarpeen.[1] Ferner finden sich in Tagebuch XV. unter: „5. Flora" mehrere Termini, für die keine Entsprechung gefunden wurde, wie zum Beispiel: „Uudor". Es ist wahrscheinlich, dass Kükenthal hier Bezeichnungen aus Vernakularsprachen nach

[1] Haberlandt 1893 S. 88, 140. Das Werk Haberlandts steht Kükenthal bei der Abfassung seines Reiseberichts zur Verfügung, s. Kükenthal 1896a, S. 19.

Gehör geschrieben hat. Ähnliches gilt für geografische Bezeichnungen.

Diese werden in den Briefen und in Tagebuch XV. häufig, aber nicht immer, auf Englisch angegeben. Namen aus dem Malaiischen oder den Sprachen der Kayan und der Alfuren schreibt Kükenthal vermutlich nach Gehör, wie er es auch mit norwegischen Namen in dem Tagebuch von seiner Spitzbergenfahrt 1886 tat.

Kükenthals Briefe sind auf verschiedenartiges Briefpapier geschrieben, mal sind es Einzelblätter, die an einer Perforation von einem Block abgerissen sind, mal sind es Blätter mit dem Briefkopf des Zoologischen Instituts in Jena oder anderes Papier, das gerade zur Hand war. Er schreibt in sehr kleiner Schrift. Oft scheint die Rückseite durch. Die Briefe sind meist mit Tinte, zuweilen aber auch mit Bleistift geschrieben.

Das Tagebuch ist auf den ersten 52 Seiten einer gebundenen Kladde mit den Maßen 17,0 mal 20,5 cm geführt. Das Papier ist unliniert. Wie in den Briefen, so schreibt Kükenthal im Tagebuch XV. meist mit Tinte, zuweilen aber auch mit Bleistift. Die letzte Seite der Kladde enthält stichwortartige Notizen zu einer Gliederung und zur Anzahl von Teilen seiner Sammlung.

Übersicht über die Briefe von Willy Kükenthal von seiner Reise in den Malaiischen Archipel, Oktober 1893 bis Oktober 1894

Abkürzung:

Postk. Postkarte

Tab. 1 1893 an Margarethe Kükenthal

Nr.	Datum	Absendeort	Adressat	Blatt	Seiten
1	19.10.	Frankfurt	M. K.	1	2
2	ohne	Luzern	M. K.	1	1 Karte
3	ohne	ohne	M. K.	5	5
4	24.10.	„D. Oldenburg"	M. K.	2	4
5	26.10.	„Oldenburg"	M. K.	2	2
6	27.10. – 29.10.	ohne	M. K.	3	3
7	{29.10.1893}	Port-Said Egypt	M. K.	1	1 Postk.
8	30.10. – 3.11.	ohne	M. K.	9	9
9	6.11. – 10.11.	„Die Oldenburg"	M. K.	8	8
10	{10.oder 11.11.}	ohne	M. K.	1	1
11	12.11., 14.11.	ohne	M. K.	8	8
12	16.11.	ohne	M. K.	2	2
13	20.11.	Singapore	M. K.	3	6
14	{nach d. 20. 11.}	ohne	M. K.	7	7

Tab. 1 (Fortsetzung)

Nr.	Datum	Absendeort	Adressat	Blatt	Seiten
15	27.11.	Buitenzorg	M. K.	1	1
16	3.12.	Buitenzorg	M. K.	2	8
17	12.12.	an Bord des „Coen" bei Surabaya	M. K.	10	10
18	21.12.	Banda-Inseln	M. K.	1	4
19	23.12.	Ambon	M. K.	1	4

Tab. 2 1893 an Ernst Haeckel

1	20.11.	Singapore	E. Hae-ckel	1	4

Tab. 3 1894 an Margarethe Kükenthal, an Kükenthals Eltern

Nr.	Datum	Absendeort	Adressat	Blatt	Seiten
20	4.1.	Ternate	M. K.	1	4
21	20.1.	Ternate	M. K.	1	4
22	13.2.	Ternate	M. K.	3	5
23	18.2.	Ternate	M. K.	1	4
24	20.2.	Ternate	Eltern von W.K.	2	8
25	28.2. – 9.3.	Ternate	M. K.	3	11
26	4.4.	Soa Konorra	M. K.	1	4
27	{nach d. 9.4.}	ohne	M. K.	1	4
28	3.5.	Ternate	M. K.	1	4
29	30.5.	Batjan Brangka-dollon	M. K.	1	4
30	15.6.	Celebes Menado	M. K.	1	4

Tab. 3 (Fortsetzung)

Nr.	Datum	Absendeort	Adressat	Blatt	Seiten
31	30.7.	Singapore	M. K.	1	1 Postk.
32	2.8.	Kuching in Sarawak	M. K.	1	3
33	5.8.	Nordküste von Borneo Dampfer „Adeh"	M. K.	2	4
34	2.9.	Baram	M. K.	1	4

Tab. 4 1894 an Ernst Haeckel, an Carl Möbius

1	16.2.	Ternate	E. Haeckel	1	4
2	4.7. von M.K.	Coburg	E. Haeckel	1	3
3	11.7.	Palocbai, Nordküste Celebes	E. Haeckel	1	4
4	8.8.	Baram River Nordborneo	E. Haeckel	1	3
5	8.8.	Sarawak	Geheimrat Möbius	1	2

Inhaltsverzeichnis

Einleitung

Im Oktober 1893 bricht Willy Kükenthal zu einer Forschungsreise in den Malaiischen Archipel auf, bei der er bis zu seiner Rückreise im Herbst 1894 zoologische Präparate für die Senckenbergische Naturforschende Gesellschaft in Frankfurt sammelt. Aus welcher Position heraus tritt Kükenthal 1893 seine Forschungsreise an? Um dies zu verdeutlichen, werden vor dem Abschnitt, der die Transkription der Briefe und des Tagebuchs XV. enthält, sein Leben und sein Werdegang bis zur Abreise in den Malaiischen Archipel dargestellt.

Im Anschluss an die Transkription folgt der zweite Teil von Kükenthals Biografie. Er gibt einen Überblick über seine Tätigkeiten als Professor in Jena und Breslau, ferner über sein Wirken als Direktor des Zoologischen Museums in Berlin.

Die Biografie wertet die Quellen zu Kükenthals Leben aus, die sich in den verschiedenen, bereits genannten Archiven und im Privatbesitz befinden.

Exkurs: Der Malaiische Archipel

Als Malaiischer Archipel wird die Inselgruppe zwischen der Malaiischen Halbinsel und Australien bezeichnet, die zwischen

S. Bauer, *Briefe und Tagebuchaufzeichnungen Willy Kükenthals von seiner Reise in den Malaiischen Archipel 1893–1894*, https://doi.org/10.1007/978-3-662-54877-6_1

dem 95. und 130. Grad östlicher Länge, dem 7. Grad nördlicher und 11. Grad südlicher Breite liegt. Zu dieser Gruppe gehören Sumatra, Java, Borneo und Sulawesi, auch als große Sundainseln bezeichnet, ferner die östlich von Java liegenden kleineren Inseln Bali und Lombok, mit weiteren Inseln auch kleine Sundainseln genannt, sowie die Molukken.

Zur Zeit von Kükenthals Reise sind auch die Bezeichnungen Indischer Archipel, Ostindischer Archipel sowie Insulinde und Inselindien in Gebrauch. Unter der Bezeichnung Ostindische Inseln führt „Stielers Handatlas" die Philippinen als zugehörig auf.[2] In seinem Reisebericht für die Senckenbergische Gesellschaft verwendet Kükenthal die Namen Insulinde[3] und Malayischer Archipel[4]. Die von ihm gezeichnete Übersichtskarte trägt den letztgenannten Titel.[5] Der Titel des Reiseberichtes lautet dagegen „Ergebnisse einer zoologischen Forschungsreise in den Molukken und Borneo".

Zur Bezeichnung der politischen Zugehörigkeit der von ihm besuchten Inseln, die zum niederländischen Kolonialreich gehörten, verwendet Kükenthal die Namen Niederländisch-Indien,[6] Niederländisch-Ostindien,[7] Holländisch-Ostindien.[8] In seinen Briefen gibt es auch die Bezeichnung Indien.[9]

Während seiner Reise von Oktober 1893 bis Oktober 1894 schreibt Kükenthal mehrere Tagebücher und zahlreiche Briefe. Gefunden sind von diesen Unterlagen bisher aber nur 33 Briefe und Postkarten an seine Frau, ein Brief an seine Eltern vom 20.2.1894, das von Kükenthal mit der Zahl XV. nummerierte Tagebuch, das er während

[2] Stielers Handatlas 1905, S. 67.
[3] Kükenthal 1896a, S. 38.
[4] Kükenthal 1896a, S. 13, 18, 28 und an weiteren 13 Textstellen.
[5] Siehe Abb. 1.
[6] Kükenthal 1896a, S. 13.
[7] Kükenthal 1896a, S. 64, 340.
[8] Kükenthal 1896a, S. 324.
[9] Brief vom 4.4.1894.

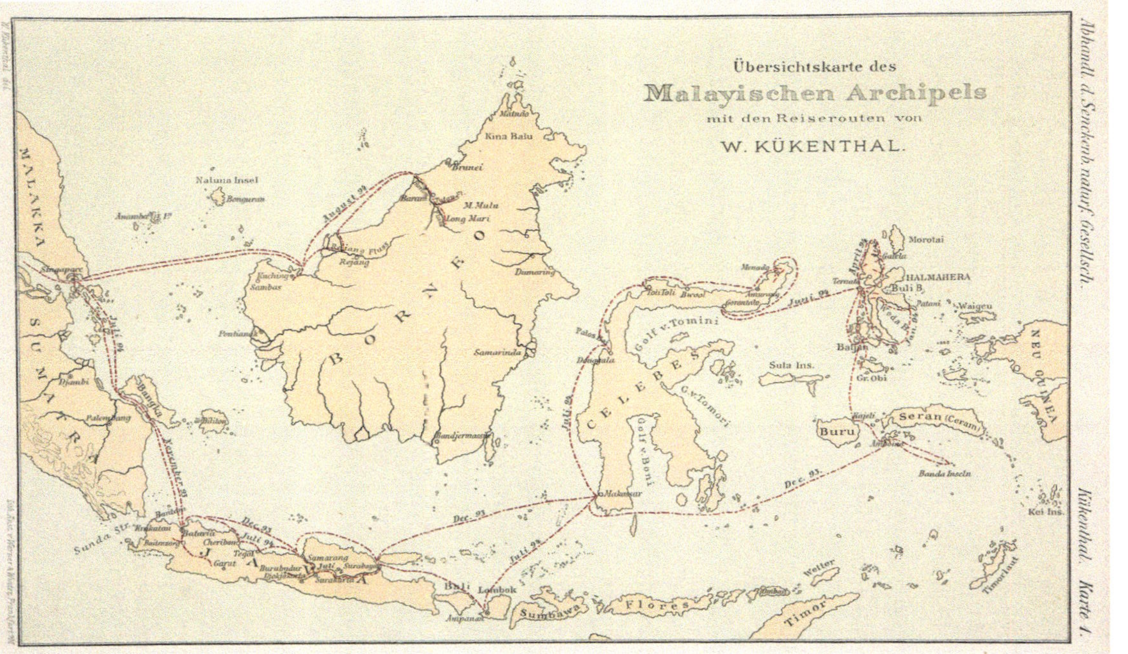

Abb. 1 Übersichtskarte über den Malayischen Archipel mit der Reiseroute von W. Kükenthal. (Kükenthal 1896a, S. 167)

seines Aufenthaltes in Baram[10] vom 8. August bis 8. September 1894 führt, einzelne Briefe an Ernst Haeckel und ein Brief an den Direktor des Zoologischen Museums in Berlin, Karl August Möbius. Ob Kükenthal weitere Briefe an seine Frau oder andere Personen geschrieben hat, ist nicht bekannt. Aus dem gefundenen Material kann geschlossen werden, dass einzelne Briefe bereits bei der Beförderung durch die Post verloren gegangen sind.[11] Ob Kükenthals Frau und seine Erben die angekommenen Briefe vollständig verwahrt haben, lässt sich nicht mit Gewissheit sagen.

Die von Kükenthal in seinen Briefen erwähnten anderen Tagebücher[12] fanden sich bisher nicht in den dafür infrage kommenden Archiven der Universitäten Jena und Wrocław, der „Senckenbergischen Naturforschenden Gesellschaft" in Frankfurt und der Historischen Arbeitsstelle des Museums für Naturkunde in Berlin. Sie sind möglicherweise verloren.

1896 veröffentlicht Kükenthal „Ergebnisse einer zoologischen Forschungsreise in den Molukken und Borneo, im Auftrage der Senckenbergischen naturforschenden Gesellschaft. Erster Teil: Reisebericht". In einem zweiten Teil beschreibt er den zoologischen Ertrag seiner Reise.[13] Der mehr als 300 Seiten lange erste Teil ist mit sieben Karten versehen (s. Abb. 1 in der Einleitung und Abb. 14 nach dem Brief vom 20.1.1894). Er enthält ferner 53 Tafeln, denen 90 Abbildungen zugeordnet sind.[14] In einer lobenden Rezension

---

[10] Baram: in Sarawak.

[11] Brief vom 15.6.1894 an M.K. und vom 11.7.1894 an Ernst Haeckel.

[12] Brief vom 13.2.1894.

[13] Die folgenden Betrachtungen beziehen sich auf die Beschreibung der Reise im ersten Teil.

[14] Zu den Fotografien Kükenthals s. auch das Kapitel „Forschungsreisen in die Arktis und Habilitation".

von 1896 wird kommentiert: „daß die Ausstattung des Buches bewundernswert ist.“[15]

Der Reisebericht ist chronologisch aufgebaut, und zwar vom Ablegen des Schiffes in Genua im Oktober 1893 bis zur Rückreise von Singapur aus im Oktober 1894. Die einzelnen Kapitel, zehn insgesamt, beginnen meist mit einer Landschaftsbeschreibung. Örtlichkeiten und Bewohner werden vorgestellt, Beispiele für Flora und Fauna genannt, das Klima charakterisiert. Am ausführlichsten ist das vierte Kapitel über die Expeditionen nach Halmahera[16] gestaltet.

In welcher Beziehung die Tagebücher, die Briefe und der 1896 publizierte Reisebericht zueinanderstehen, ist nicht abschließend zu klären, da nicht alle Tagebücher aufgefunden sind. Sie dienten als Materialfundus für den Bericht.[17] Ohne diese wäre dessen Detailfülle nicht erklärbar. Möglicherweise arbeitete Kükenthal bereits während der viele Wochen dauernden Schiffsreise von Singapur nach Genua, nämlich vom 15. September bis 23. Oktober, daran. In seinem Vorwort schreibt er 1896 zwar, er habe ursprünglich nicht geplant, einen solchen Bericht zu schreiben, dann aber sei vonseiten der Senckenbergischen Gesellschaft der Wunsch geäußert worden, er möge nicht nur die zoologischen Ergebnisse publizieren.[18] Allerdings ist eine solche Mitteilung nicht absolut zu setzen, was ihren Wahrheitsgehalt angeht. Es kann sich auch um einen Bescheidenheitstopos handeln, denn in seinem Tagebuch XV.

[15] Karsten 1896, S. 476.
[16] Halmahera: Die größte Molukkeninsel, s. Abb. 14.
[17] Kükenthal 1896a, S. IV.
[18] Kükenthal 1896a, S. IV.

macht er sich nach den Eintragungen zum 16. August bereits „Notizen für eine spätere Ausarbeitung“[19].

Die Briefe an seine Frau stehen ihm erst in Jena nach der Rückkehr wieder zur Verfügung. Zwischen ihnen und dem Bericht besteht in einzelnen Passagen eine enge sprachliche Beziehung. Einige Formulierungen sind fast identisch, wie die folgenden zwei Beispiele zeigen mögen. So schreibt Kükenthal an seine Frau: „Port Said ist für den Fremdenverkehr zugeschnitten u wimmelt von zweifelhaften Elementen, die Schurken aller Mittelmeerländer geben sich hier Rendevouz u obgleich der verflossene Khedive[20] einmal eine Radikalkur angewandt hat, 800 Kerle aufgegriffen in ein altes Schiff gesteckt u dann ersäuft hat, sind noch eine Masse dieses Gesindels da, denen eine gleiche Behandlung nur zu wünschen wäre.“[21] Im Reisebericht lautet der entsprechende Text: „Freilich der dem Hafen nahe gelegene Stadtteil ist dem Fremdenverkehr zugeschnitten und wimmelt von zweifelhaften Elementen. Die Gauner aller Mittelmeerländer finden sich hier zusammen und obgleich der verstorbene Exkhedive einmal eine Radikalkur angewandt haben soll, indem 800 dieser Kerle auf ein altes Schiff gepackt wurden, und seitdem nichts mehr von sich hören liessen, so ist doch noch eine Masse Gelichter da, dem eine gleiche Behandlung nur zu wünschen wäre.“[22] Wenn Kükenthal hier an Stelle von „ersäuft“ die Formulierung wählt: „und seitdem nichts mehr von sich hören liessen“, so mildert er, für die größere

[19] Siehe Abschn. „Tagebuch XV. Borneo Baram“.
[20] Khedive: Titel des Vizekönigs.
[21] Brief vom 30.10.1893.
[22] Kükenthal 1896a, S. 4.

Leserschaft, das Drastische der Maßnahme des Vizekönigs ab.

Wie sehr Kükenthal allzu derbe Formulierungen nur seiner Frau und einem engeren Leserkreis vorbehält, zeigt auch die Schilderung einer Chinesin, die er auf einer Zugfahrt in Java sieht. Im Reisebericht heißt es: „[...] seiner jungen Frau, die in weiße Seidenstoffe gehüllt war und ganz nett aussah. Wie greulich veränderte sich aber ihr Gesicht, als sie den Mund öffnete, in dem schwarze Zahnstümpfe sichtbar waren.“[23] Im Brief an seine Frau vom 3. Dezember wird dagegen formuliert: „Die Frau war in weiße Seidenstoffe gehüllt, sah ganz nett aus, hatte aber ein scheußliches Maul voller schwarzer Zähne.“[24]

Am wahrscheinlichsten ist, dass Kükenthal zuerst Tagebuch geschrieben, dann daraus Formulierungen in die Briefe an seine Frau übernommen und später den Reisebericht in sprachlich etwas geglätteter Form geschrieben hat. Für diese Reihenfolge spricht auch, dass er in Briefen selber darauf hinweist, er zitiere jetzt aus seinem Tagebuch.[25]

Im Unterschied zu den Briefen, die Kükenthal während der Reise an seine Frau schreibt und zu dem Tagebuch XV., ist der Reisebericht ein durchgearbeiteter Text. Ein Ich-Erzähler blickt zurück auf die einzelnen Stationen und Erlebnisse. Er erzählt durchgehend faktual. Die Angabe von Daten, Namen und Orten sowie die Wiedergabe von Fotografien betonen dies. Das bedeutet aber keineswegs, dass

[23] Kükenthal 1896a, S. 20.

[24] Brief vom 3.12.1893. Von vielen weiteren Textbelegen hier noch Kükenthal 1896a, S. 8 im Vergleich mit dem Brief vom 12.11.1893 und Kükenthal 1896a, S. 125 im Vergleich mit dem Brief vom 28.1.1894.

[25] Brief {nach dem 20.11.1893}, vom 12.12.1893, vom 28.2.1894.

der Text nicht auch fiktionale Passagen enthalten könnte. Als Beispiel sei genannt, wie der Erzähler den Erwerb von Alfurenschädeln durch den Forscher schildert.[26] Einen fiktiven Bestandteil kann man auch darin sehen, dass einige der abgebildeten Fotografien nachbearbeitet sind.[27]

Auch heißt faktuales Erzählen bei Kükenthal keinesfalls, dass er auf Werturteile oder politische Prognosen verzichten würde. So beschwört er am Ende des Textes „die furchtbare Gefahr, die dem alternden Europa vonseiten der gelben Rasse droht."[28]

Die Briefe Kükenthals

Die 30 Briefe, zwei Postkarten und eine Briefkarte, die Kükenthal während seiner einjährigen Abwesenheit von Jena an seine Frau schickt, sind keineswegs in gleichmäßigem zeitlichem Abstand geschrieben. Den ersten Brief schreibt er bereits aus Frankfurt, wo er am 18. Oktober eintrifft.

Die Briefe unterscheiden sich ferner in ihrer Länge. Kurzen Mitteilungen stehen Berichte im Umfang von elf Seiten gegenüber. Insgesamt umfasst das Konvolut 146 handschriftliche[29] Seiten. Die Briefe zeigen verschiedene Intentionen ihres Verfassers. Sie unterscheiden sich au-

[26] Kükenthal 1896a, S. 199.
[27] Den Hinweis auf die Nachbearbeitung gab Antje Dittmann, Historische Arbeitsstelle am Museum für Naturkunde.
[28] Kükenthal 1896a, S. 309. Zum Gebrauch des Begriffes „Rasse" s. u. Exkurs: „Rasse", Rassismus.
[29] Zur Handschrift: s. Abb. 12 und 13.

ßerdem nach ihren Schreibanlässen und in der Art ihrer Mitteilungen.

Die Verteilung der Briefe auf das Jahr Oktober 1893 bis September 1894

Kükenthal braucht von seiner Abreise aus Jena Mitte Oktober 1893 bis zur Ankunft auf der Molukkeninsel Ternate am 26. Dezember 1893 zweieinhalb Monate. In dieser Zeit schreibt er seiner Frau neunzehn Mal, und zwar sechzehn Briefe, zwei Postkarten und eine kleine Briefkarte.

Nach seiner Ankunft hält er sich während der folgenden vier Wochen in Ternate auf, richtet sich seinen Arbeitsplatz ein und beginnt mit der Sammlungstätigkeit. Zwei Briefe gehen während dieser Zeit an seine Frau. Der Postweg von Ternate nach Jena oder umgekehrt dauert ungefähr sieben Wochen. So bestätigt Kükenthal in seinem Brief vom 4. Januar 1894 seiner Frau, er habe soeben ihre Briefe vom 11. und 18. November erhalten.

Vom 23. Januar bis 12. Februar 1894 ist er zum ersten Mal in Halmahera. Auf dieser Insel gibt es keine Möglichkeit, Post zu versenden. Vorsorglich kündigt er schon am 4. Januar seiner Frau an: „In dieser Zeit kann ich natürlich keine Nachricht geben.“ Erst als Kükenthal wieder in Ternate arbeitet, gehen drei weitere Briefe an seine Frau ab. Am 22. Februar bricht er erneut nach Halmahera auf, dieses Mal für eine Woche. In den darauffolgenden drei Wochen in Ternate schreibt er einen Brief, den er am 28. Februar beginnt und am 9. März, bei Eintreffen des Postdampfers, abschließt.

In den sieben Wochen vom 15. März bis 1. Mai unternimmt Kükenthal seine dritte und längste Forschungsreise nach Halmahera. Vom 4. bis zum 9. April schreibt er in Soah Konorah[30] einen Brief, in der Hoffnung, andere Reisende könnten ihn mit nach Ternate nehmen. Im Anschluss an diesen langen Aufenthalt in Halmahera bleibt Kükenthal noch zehn Tage in Ternate, ein Brief geht in dieser Zeit an seine Frau. Er setzt dann seine Tätigkeit vom 16. Mai bis 10. Juni auf der Insel Batjan[31] fort. Eine Postkarte, die er laut Brief vom 30.5.1894 an seine Frau Mitte Mai schreibt, ist nicht erhalten, lediglich ein Brief von Ende Mai.

Da sich Kükenthal bei seiner Rückkehr nach Ternate am 11. Juni eine Möglichkeit bietet, zusammen mit seinem früheren Schüler Theodor Adensamer nach Celebes zu reisen, bricht er endgültig aus Ternate auf, bleibt bis 13. Juli in Celebes und schreibt in dieser Zeit einen Brief an seine Frau und einen an Ernst Haeckel. Kükenthal reist dann am 15. Juli nach Lombok[32] weiter, von da aus über Batavia nach Singapur, wo er Ende Juli seiner Frau eine Postkarte zukommen lässt. Seine Reise geht am 1. August weiter über Kuching[33] nach Baram, wo er bis zum 10. September bleibt. Am Anfang seines Aufenthaltes in Borneo ist Postbeförderung noch möglich, so schreibt er seiner Frau zwei Briefe, Ernst Haeckel und Karl August Möbius je einen. Dann begibt er sich mit seinem Gastgeber, dem Zoologen

[30] Soah Konorah: im Norden von Halmahera.

[31] Batjan: Insel westlich der Südspitze von Halmahera, zwischen Äquator und 1. Grad südl. Breite, s. Abb. 14.

[32] Lombok: s. Abb. 1.

[33] Kuching: Hauptstadt des britischen Protektorats Sarawak.

Charles Hose[34] in das Innere Borneos. Postbeförderung ist hier nicht möglich. Anfang September, nach der Rückkehr in den Baram-Distrikt, schreibt er seiner Frau noch einen Brief. Dann tritt er am 11. September über Kuching und Singapur die Rückreise nach Europa an. Sie dauert bis zu seiner Ankunft in Genua am 23. Oktober 1894. Briefe hat er in dieser Zeit nicht mehr geschrieben, da sie kaum vor ihm selbst in Jena hätten eintreffen können.

Die Adressaten der Briefe

Von den vierzig Briefen, die insgesamt von Kükenthals Forschungsreise erhalten sind, sind die meisten an seine Frau gerichtet. Obwohl diese Briefe mit persönlichen Ansprachen, wie „Liebe Grete", „Mein lieber Schatz" oder „Mein liebes Weib" beginnen, sind weitere Adressaten mitgedacht. Es ist anzunehmen, dass Margarethe Kükenthal die Briefe ihres Mannes im Kreise der Familie vorgelesen hat. In einem Fall fordert Kükenthal seine Frau direkt auf: „Sende diesen Brief unseren Eltern mit vielen Grüßen [...] "[35] Ihre Eltern und ihre Schwiegereltern wohnen in Coburg und während der Forschungsreise ihres Mannes hält sie sich mit den Kindern öfter dort zu Besuch auf, wie aus Kükenthals Briefen vom 20. Januar 1894, {nach dem 9.4.1894} und 30.5.1894 hervorgeht. Gedachte Adressaten sind aber vermutlich nicht

[34] Charles Hose (1863–1929), Zoologe und Ethnologe, tritt 1884 in den Dienst des zweiten Raja von Sarawak ein, wird 1888 verantwortlicher Beamter des Baram-Distrikts, ab 1891 Regierungsvertreter; siehe auch Literaturliste. Weiter Informationen zu seiner Biografie: http://www.lib.cam.ac.uk/rcs_photographers/entry.php?id=250; 25.2.2017.

[35] Brief vom 2.9.1894.

nur Eltern und Schwiegereltern, sondern auch gute Freunde in Jena und Coburg. Botschaften, die nur für seine Frau bestimmt sind, werden eigens eingeleitet: „Und nun noch einige Worte zu Dir allein, mein Schatz!".[36]

Die Intentionen des Verfassers

In seinen Briefen verfolgt Kükenthal unterschiedliche Intentionen. Sie unterscheiden sich nicht nur im Hinblick auf die verschiedenen Adressaten, sondern auch die Briefe an ein- und denselben Adressaten, wie die an seine Frau, zeigen sehr unterschiedliche Intentionen.

Es muss hier daran erinnert werden, dass für einen Reisenden 1893/94 das Schreiben und Empfangen von Briefen die einzige Möglichkeit ist, eine Verbindung mit Familie und Freunden aufrechtzuerhalten. Ein Telegramm kann in diese Funktion nur ausnahmsweise eintreten, da die Kürze der Mitteilung und die großen Kosten die Möglichkeiten stark begrenzen, und so versendet Kükenthal während des ganzen Jahres auch nur eines, als er nämlich Ernst Haeckel im Februar 1894 zum Geburtstag gratuliert.[37] Andere Kommunikationsmittel, derer sich heutige Reisende bedienen, wie etwa das Telefon, stehen Kükenthal 1893/94 noch nicht zur Verfügung.

Eine schlichte Intention des Briefschreibers zeigt sich, wenn er Instruktionen erteilt. So wird die Ehefrau gebeten, eine kleine Rechnung zu bezahlen: „Bitte sende doch 30 Pf. in Briefmarken an ‚Gebr. Saul, Briefmarkenhandlung in

[36] Brief {nach dem 9.4.1894}. Ebenso: Brief vom 13.2.1894.
[37] Siehe Fußnote zum Brief an Ernst Haeckel, Ternate den 16 Febr! {1894}.

Leipzig'"[38], ein schadhaftes Fernglas umzutauschen und sich den Kaufpreis auszahlen zu lassen,[39] an Prof. Vejdrowsky[40] in Prag ein Buch zu senden[41] und schließlich, kurz vor der Rückkehr von der Reise, für den Ehemann einen Winteranzug anfertigen zu lassen.[42]

Ferner geht es Kükenthal darum, die emotionalen Beziehungen zu seiner Frau, seinen Kindern und der übrigen Familie während der lange andauernden Trennung wenigstens brieflich zu pflegen. Häufig versichert der Schreiber, er sehne sich nach seiner Frau und den Kindern. So schreibt er bereits bald nach seinem Aufbruch: „Schreibe mir nur ausführlich und oft lieber Schatz, ich sehne mich nach Nachrichten von Euch."[43] Er denke immerzu an seine Familie und er fühle sich einsam ohne sie.[44] In diesen Kontext gehört auch, wie er mehrmals schöne Geschenke ankündigt: „Gerne hätte ich Dir Stoff zu einem seidenen Kleide geschenkt."[45] „Auch aus Halmahera bekommst Du Geschenke, die mir ausdrücklich für Dich übergeben sind, das eine von einer braunen jungen Dame (!) das andere von meinem chinesischen Freund Tan Soekiony in Girnin. Da wirst Du Augen machen."[46] „Vati bringt der Lotte[47] etwas schönes mit!"[48]

[38] Karte aus Luzern, ohne Datum, vor dem 22.10.1893.
[39] Brief vom 24.10.1893.
[40] Frantiček Veydowský: Siehe Fußnote zum Brief vom 20.1.1894.
[41] Brief vom 20.1.1894.
[42] Brief vom 2.9.1894.
[43] Brief vom 3.11.1893.
[44] Briefe vom 9.4., 15.6. und 2.9.1894.
[45] Brief vom 20.11.1893.
[46] Brief vom 18.2.1894.
[47] Siehe Fußnote zum Brief vom 30.10.1893.
[48] Brief vom 4.1.1894.

Die Erwähnung der „braunen jungen Dame (!)" steht in einem freundlich gestalteten sprachlichen Kontext. Und doch charakterisiert der Schreiber die Unbekannte aufgrund ihrer Hautfarbe und nennt nicht etwa einfach nur ihre Herkunft oder ihren Namen, wie er es bei seinem chinesischen Freund tut. Die Kategorisierung eines Menschen aufgrund eines äußeren Merkmals wie der Hautfarbe kann je nach Kontext bedeuten, dass der Schreiber ein Anhänger der Rassenlehre seiner Zeit ist oder sich wenigstens ihrer Sprache bedient. Da Kükenthal dies auch in anderen Briefe tut, ist hier zu klären, was 1893 unter „Rasse" verstanden wurde und wo Unterschiede zu heutigem Sprachgebrauch sind.

Exkurs: „Rasse", Rassismus

1893, zur Zeit von Kükenthals Reise in den Malaiischen Archipel, war „Rasse" in den westlichen Gesellschaften ein zentrales Thema[49] und wurde als wissenschaftlicher Begriff, auch auf den Menschen bezogen, verwendet.[50] Auch in anderen Epochen wurde der Begriff verwendet. Zuerst, in der spanischen Reconquista des 15. Jahrhunderts, richtete er sich gegen Juden und Mauren. Selbst wenn diese sich hatten taufen lassen, stellte man ihre Zugehörigkeit zu dem neugeordneten Spanien in Frage, indem man das Kriterium ihrer Abstammung als entscheidend ansah und nicht ihren Glauben allein.[51] Ende des 19. Jahrhunderts war der Begriff „Rasse" nicht klar definiert. Aus dem äußeren Erscheinungsbild, aber auch aus der Zugehörigkeit eines Menschen zu einer Ethnie, wurden Ende des 19. Jahrhunderts in deterministischer Weise Schlüsse ge-

[49] Osterhammel 2009, S. 1214, 1215.

[50] Geulen 2013, S. 13. Siehe dort auch zur Begriffsgeschichte von Rasse und Rassismus.

[51] Ausführlich hierzu Geulen 2007, S. 32–38.

zogen auf Charakter und Intelligenz eines Individuums.[52] Den vermeintlichen Menschenrassen wurde ein unterschiedlicher Wert zugeordnet. Darin zeigt sich eine Abkehr sowohl vom christlichen Menschenbild, demzufolge alle Menschen nicht nur von Gott geschaffene Wesen seien, sondern ein Abbild Gottes,[53] als auch von dem der europäischen Aufklärung, die von einer natürlichen Gleichheit der Menschen und von ihren natürlichen Rechten ausgeht.[54] Oft war der Rassismus des späten 19. Jahrhunderts kombiniert mit der sozialdarwinistischen Überzeugung, die Menschenrassen stünden in einem Konkurrenzkampf miteinander,[55] eine Überzeugung, die „rassistischem Überlegenheitsgefühl die naturgesetzliche Weihe"[56] verlieh. Der Rassismus des späten 19. Jahrhunderts ist nicht gleichzusetzen mit dem Rassenwahn der Nationalsozialisten. Dieser spricht den als minderwertig betrachteten Rassen das Menschsein ab und betreibt ihre systematische Vernichtung.

Heute wird Rassismus als Konglomerat verschiedener Vorurteile betrachtet. Rassismus ist durch die UNESCO-Deklaration aus dem Jahr 1995 geächtet. Wer öffentlich dafür wirbt, kommt in Deutschland und anderen Ländern mit dem Strafrecht in Konflikt.

[52] Kükenthal äußert sich zum Beispiel über einen Malayen, den er traf, so: „die Faulheit und Nachlässigkeit, welche seiner Rasse eigentümlich ist," Kükenthal 1896a, S. 261.

[53] Siehe 1. Buch Mose, Vers 26: „Und Gott sprach: Lasset uns Menschen machen, ein Bild, das uns gleich sei."

[54] Allerdings sprechen sich auch Ende des 19. Jahrhunderts bereits Wissenschaftler wie Rudolf Virchow und Max Weber gegen den Gebrauch des Begriffs „Rasse" für Menschen aus, s. Osterhammel 2009, S. 1222. So spricht sich Virchow in seiner 1893 gehaltenen Rede „Die Gründung der Berliner Universität und der Uebergang aus dem philosophischen in das naturwissenschaftliche Zeitalter" entschieden für ein Festhalten an den Maximen der Aufklärung aus, s. Virchow 1893, S. 29.

[55] So fasst Kükenthal nach Abschluss seiner Reise seine Beobachtungen in Singapur mit den Worten zusammen: „Hier hat sich also schon ein recht lebhafter Kampf ums Dasein zwischen weisser und gelber Rasse entwickelt," s. Kükenthal 1896a, S. 310.

[56] Wehler 1995, S. 1084.

Dem Schreiber der Briefe ist wichtig, auf seine Frau beruhigend einzuwirken. Es ist schwer einzuschätzen, welche Vorstellungen sie von den Risiken einer Reise in die Tropen gehabt haben mag. Reiseerfahrungen hatte Margarethe Kükenthal selber nur bei einem einjährigen Aufenthalt in der Schweiz sammeln können, der sich an ihre Schulzeit anschloss. In vielen seiner Briefe weist Kükenthal darauf hin, wie stabil seine Gesundheit sei, er schlafe gut und sei bei gutem Appetit.[57] Gefährliche Krankheiten wie Malaria werden zwar nicht verschwiegen, aber wenn sie erwähnt werden, ist dies mit Hinweisen verbunden, der Schreiber halte ihnen gut stand: „ein leichter Fieberanfall wurde sofort durch starke Chinindosis coupirt u. jetzt fühle ich mich, nachdem ich den versäumten Schlaf nachgeholt habe, wieder so frisch wie zuvor."[58] Kükenthals Hinweise auf seine stabile Gesundheit können Reaktionen auf besorgte Fragen seiner Frau sein, sie können aber auch die Intention zeigen, Besorgnisse gar nicht erst aufkommen zu lassen. Sie gehören zudem in den Kontext des Selbstbildes, das der Forschungsreisende von sich entwirft.

Das Selbstbild des Forschungsreisenden

Während der langen Schiffsreise von Genua nach Singapur leiden etliche Reisende unter Seekrankheit. Das gibt dem Briefschreiber Gelegenheit, seine Frau daran zu erinnern, er bleibe davon verschont.[59] Eine diesbezügliche Frage seiner

[57] Briefe vom 10.11., 27.11.1893, 20.1., 20.2., 4.4, 3.5., 15.6. und 30.7.1894.
[58] Brief vom 28.2.1894, in den W. K. Auszüge aus seinem in Halmahera geführten Tagebuch aufnimmt. Die zitierte Eintragung stammt vom 24.2.
[59] Brief vom 3.11.1893.

Frau weist er nahezu entrüstet von sich: „Seekrank bin ich natürlich nicht gewesen, das wäre noch schöner."[60] Kükenthal spielt hier auf seine beiden Spitzbergenreisen 1886 und 1889 an, bei denen er selbst Orkane, ohne seekrank zu werden, überstand – einer war so stark, dass er zu Schiffbruch führte.

Auch auf seine Fähigkeit, sich im Laufe der Fahrt auf die zunehmende Hitze einzustellen, weist er hin: „Ich freue mich nur, daß ich dabei frisch u munter bleibe, ich kann wohl sagen, daß ich an Bord der Unermüdlichste bin. Am Tage schlafe ich gar nicht während die anderen fast ununterbrochen in ihren Stühlen liegen und japsen."[61] In Java angekommen, schildert er seiner Frau Ausflüge und insbesondere Bergwanderungen, die seine gute Kondition zeigen.[62] Auch nachdem er sich in Ternate eingerichtet hat und eine tägliche Arbeitszeit von etwa zehn Stunden bewältigt, äußert er sich fast nur positiv: Seine Gesundheit sei „vortrefflich",[63] er sei „niemals krank",[64] er sei „von blühender Gesundheit".[65] Aus Soah Konorah schreibt er: „Mir geht es ganz ausgezeichnet. Gesundheit die allerbeste".[66] Realistischer ist eine Schilderung gegenüber seinen Eltern und in dem in Halmahera geführten Tagebuch. So räumt er im Brief an seine Eltern ein: „In einem Ruderboot schlafen, tagelang durch den dichten Urwald streifen, den Körper mit unzähligen Wunden bedeckt, das sind Sachen, zu denen

[60] Brief vom 12.12.1893.
[61] Brief vom 10.11.1893.
[62] Brief vom 3.12 und vom 12.12.1893.
[63] Brief vom 20.1.1894.
[64] Brief vom 13.2.1894.
[65] Brief vom 3.5.1894.
[66] Brief vom 4.4.1894; Unterstreichung im Original.

eine gute Natur gehört, die ich glücklicherweise habe."[67] Am zweiten Tag seiner zweiten Expedition nach Halmahera vom 22.–27. Februar 1894, und zwar nach Oba[68], notiert er in sein Tagebuch: „Daß Oba sehr ungesund ist, war mir von Anfang an klar, als ich die Sümpfe sah, ich nahm daher gestern Abend -unl.- Chinin, konnte aber heute kaum auf den Beinen stehen, solches Schwindelgefühl stellte sich ein".[69] Nach seiner Rückkehr aus Oba führt er einen Brief an seine Frau vom 28.2. durch tägliche Notizen fort und räumt am 5.3. ein: „In der auf Oba folgenden Zeit habe ich wenig machen können, meine Wunden wollen nicht recht heilen trotz sorgfältigster Pflege und so bin ich an das Haus und mein Arbeitszimmer gefesselt."[70] Diese Wunden hat er sich bei der Durchquerung eines Bambusdickichts zugezogen, in das er und seine Begleiter sich „mit den Waldmessern eine Bresche hauen mußten."[71] Bereits mit der Eintragung zum 8.3. beruhigt er seine Frau aber, der Arzt habe eine baldige Heilung der Wunden angekündigt.

Zum Selbstbild des Schreibers gehört auch, dass er den Herausforderungen der Reise furchtlos gegenübertritt. So bedauert er, während seines Aufenthaltes auf den Banda-Inseln[72], kein Erdbeben miterlebt zu haben, obwohl dies auf

[67] Brief an die Eltern vom 20.2.1894.

[68] Oba: Westküste von Halmahera, zwischen Äquator und 1. Grad nördl. Breite, 127. und 128. Grad östl. Länge (s. Abb. 14).

[69] Tagebucheintragung vom 24.2.1894, die er in redigierter Form am 28.2.1894 für seine Frau abschreibt und in dem Brief des gleichen Datums sendet, in dem er allerdings einleitend mitteilt, er sei „glücklich" wieder nach Ternate zurückgekehrt.

[70] Brief vom 28.2.–8.3.1894.

[71] Brief vom 28.2.–8.3.1894.

[72] Banda-Inseln: Inselgruppe südlich von Seran (s. Abb. 1).

der Inselgruppe regelmäßig vorkomme.[73] Als er im Norden Halmaheras mit einem der Sammler unterwegs ist, fürchtet sich dieser vor einer Schlange: „Unmittelbar vor ihm erhob eine Riesenschlange ihr mächtiges Haupt. Im selben Augenblick war schon mein Gewehr an der Backe, ein Schuß und anscheinend leblos sank das Thier zurück. Es war eine Python.“[74] In Sarawak begegnet er bei mehreren Gelegenheiten bewaffneten Dajaks und Kayan. Eine erste Begegnung beschreibt er seiner Frau am 8. August: „Es war ein malerischer Anblick als uns plötzlich 2 Dajaks begegneten in vollem Kriegsschmuck mit Lanze und Schwert, das schwarze Haar lose herunter fallend, mit Federn etc besteckt, [. . .] Sie boten mir freundlich grinsend die Hand, und gingen dann ihres Weges, ein paar echte Kopfjäger.“[75]

Zu seinem Selbstbild gehören aber nicht nur Gesundheit und Furchtlosigkeit, sondern auch die Überzeugung, einen wichtigen Auftrag zu erfüllen. Ausführlich schildert er seiner Frau, welche Bedeutung die Senckenbergische Gesellschaft ihm und seiner Forschungsreise zumisst.[76] Finanzmittel von 11.000 Reichsmark werden genannt und damit die Aufforderung verknüpft: „Theile das auch Deinem Vater mit.“[77] Seine Überzeugung speist sich auch daraus, wie er durch die Regierung des Großherzogtums Sachsen-Weimar-Eisenach unterstützt wird. Am Ziel seiner Reise pflegt er Beziehungen zu der Kolonialverwaltung in Niederlän-

[73] Brief vom 23.12.1894.
[74] Brief {nach dem 9.4.1894}.
[75] Brief vom 5.3., fortgesetzt bis 8.3.1894.
[76] Brief vom 19.10.1893. Zur Problematik der Rolle europäischer Sammler in den Kolonien, s. Förster 2017, S. 154–161.
[77] Brief vom 19.10.1893.

disch-Indien und mit dem Raja im britischen Protektorat Sarawak. Als Kükenthal im Oktober 1893 in Jena aufbricht, hat er Empfehlungsbriefe an den Generalgouverneur von Niederländisch-Ostindien, Jongheer van der Wijk, bei sich, die ihm Großherzogin Sophie[78] vermittelt hat.[79] Kurz nach seiner Ankunft in Singapur berichtet er seiner Frau, er sei von dem deutschen Konsulatssekretär Epler vom Schiff abgeholt worden, „an das deutsche Consulat hier war nämlich von Seiten der Regierung der Auftrag gekommen, mir zur Seite zu stehen."[80] Kurz darauf, am 28. November, folgt bereits die Audienz beim Generalgouverneur.[81] Dieser stattet den Forschungsreisenden mit Empfehlungsschreiben aus, die ihm in Ternate von Nutzen sein werden.[82]

Kükenthal nimmt aber nicht nur die Dienste der Kolonialverwaltung in Anspruch, sondern gibt auch expressis verbis seiner Überzeugung Ausdruck, ihm als weißem Europäer stehe es zu, von Nichteuropäern in einer Kolonie untertänig behandelt zu werden. So schildert er einen Ausflug von Buitenzorg aus: „Ueberall wurden wir aufs Ehrerbietigste begrüßt, schon lange ehe wir herankamen, sank alles in hockende Stellung, die Männer nahmen ihre großen Hüte ab u auf den Gesichtern der Weiber u Kinder malte sich eine Mischung von Schreck u. Ehrfurcht. Der Weiße ist hier noch angesehener und gefürchteter Herr."[83] Die Einordnung der eigenen Person als Weißer erfolgt in einer

[78] Sophie, Großherzogin von Sachsen-Weimar-Eisenach (1824–1897) Tochter Wilhelms von Oranien, als Wilhelm II. 1840–1849 König der Niederlande.
[79] Kükenthal 1896a, S. III und IV.
[80] Brief vom 20.11.1893.
[81] Brief vom 27.11.1893.
[82] Brief vom 3.12.1893.
[83] Brief vom 3.12.1893.

Situation, in der es um die Abgrenzung von Europäern als Kolonisierenden von der lokalen Bevölkerung als Kolonisierten geht. Sie erfolgt auf der Basis der Hautfarbe und damit der Überzeugung, Menschen gehörten verschiedenen Rassen an.[84] Möglicherweise ordnete Kükenthal, wenn er sich in Deutschland aufhielt, Niederländer und Briten als nicht zu ihm zugehörig ein, weil sie Ausländer sind. In Niederländisch-Indien und in Borneo gilt aber offensichtlich ein anderer Maßstab. Hier bedeutet „wir" die Identität als Weiße, denen die lokale Bevölkerung als *die anderen* gegenüber steht.

Nach seiner Ankunft in Ternate versichert sich Kükenthal der Unterstützung des lokalen Residenten, weiterer Beamter und der wenigen Europäer, die dort leben. Dank dieser Beziehungen kann er Jäger und Sammler aus der ansässigen Bevölkerung engagieren, die ihm zuarbeiten. Besonders wichtig wird die Unterstützung durch die Kolonialverwaltung bei Kükenthals Expeditionen nach Halmahera. Vor seiner Expedition, die am 23.1.1894 beginnt, muss der Empfehlungsbrief des Generalgouverneurs dem Sultan von Tidore vorliegen, in dessen Machtbereich auf Halmahera der Forscher reisen will: „Daß ich beim Sultan war, habe ich Dir wohl noch nicht geschrieben. Der Resident selbst begleitete mich; es war sehr nett u nichts besonderes. Doch morgen früh ist eine große Geschichte. Es kommt nämlich ein Brief von meinem Generalgouv. an den Sultan, der feierlich vom Regierungsgebäude, durch ei-

[84] Siehe Exkurs zu „Rasse", Rassismus.

ne große Gesandtschaft abgeholt wird. Ich habe auch dazu eine Einladung vom Residenten bekommen."[85]

Ohne die Hilfe des Sultans und seiner Untergebenen wäre die Erkundung Halmaheras für Kükenthal nicht möglich gewesen, da er auf ortskundige Führer angewiesen ist. So notiert er am 23.2. in sein Tagebuch, das er später auszugsweise in einen Brief an seine Frau übernimmt, über eine Jagdmethode der Alfuren: „Um die Schweine zu erlegen bedienen sie sich vorzugs weise jener Fallen, die das Wandern in Halmahera so gefährlich machen, da die scharfe Lanze, welche abgeschnellt wird, einen Menschen gerade so durchbohrt wie ein solches Thier. Mit ortskundigem Führer ist natürlich keine Gefahr vorhanden."[86]

Schon nach Abschluss seiner ersten Expedition schildert er seiner Frau, wie erfolgreich die Unterstützung durch den Sultan auch in anderer Hinsicht war: „Das Volk von Patani[87] war sehr willig, das ganze Dorf war beordert für mich Thiere zu fangen u ich habe eine sehr große Sammlung zusammengebracht."[88] Noch deutlicher wird die Wertschätzung des Forschers durch die lokalen Machthaber bei der Vorbereitung von Kükenthals zweiter Expedition nach Halmahera, zu der er am 22. Februar aufbricht: „Glücklicher weise ist in Folge der großen Empfehlungen vom Generalgouverneur meine Stellung hier eine derartige, daß der Prinz selbst mich aufsuchte, u. mir mittheilte, er wür-

[85] Brief vom 20.1.1894.
[86] Brief vom 28.2.1894.
[87] Patani: auf der östlichen Halbinsel von Halmahera, an der Weda-Bai (s. Abb. 14).
[88] Brief vom 13.2.1894.

de einen Häuptling von Tidore aus voraussenden, der mir Adjutantendienste leisten solle."[89]

Das Verhältnis zwischen dem Forscher und den von lokalen Machthabern beorderten Helfern ist strikt hierarchisch. Der vom Kronprinzen von Tidore beauftragte Häuptling erregt des Öfteren das Missfallen des Forschungsreisenden, indem er zunächst wenig Neigung zeigt, Aufträge auszuführen. Kükenthal klärt aber das Verhältnis dann in seinem Sinne, indem er dem Häuptling droht, er werde dem Prinzen schreiben. Daraufhin gehorcht der Häuptling aufs Wort und Kükenthal schildert seiner Frau zufrieden als Ergebnis der Drohung: „Das machte dem Burschen den Standpunct klar, u er war in der Folgezeit sehr gefügig. Er weiß, daß, wenn ich mich beim Prinzen beklage, er vielleicht todt geprügelt wird, denn im Reiche Tidore giebt es für alles Prügel."[90] Diese lakonische Feststellung kommentiert der Briefschreiber nicht weiter. So wie Kükenthal die Kolonialverwaltung für selbstverständlich und für wünschenswert hält, so ist es wohl für ihn auch selbstverständlich, dass Europäer und Nichteuropäer in Niederländisch-Indien unterschiedlichem Recht unterworfen sind. Wenn er überhaupt Kritik an der Kolonialherrschaft übt, dann an ihrer vermeintlichen Milde, die er insbesondere an der britischen Herrschaft in Singapur festzustellen glaubt: „Wie ich Dir wohl schon mittheilte ist das überwiegende Element in dem Völkergemisch Singapores das Chinesische, Ja, es über wiegt dermaßen, – nicht nur an Zahl sondern auch an Einfluß u Reichthum – das zu befürchten steht die Tage

[89] Brief vom 20.2.1894.

[90] Brief vom 28.2.1894 mit Tagebucheintragung vom 23.2. Siehe auch die Tagebucheintragung vom 25.2. in demselben Brief.

der englischen Oberhoheit werden gezählt sein. Das englische Regiment zeichnet sich durch große Nachgiebigkeit, ja Schwachheit aus, die Folge davon ist ein[e] stärkeres Anschwellen des Selbstbewußtseins der Natives.“[91]

Kükenthals Kooperationsbereitschaft mit der Kolonialverwaltung ist nichts, was diesen Forschungsreisenden von seinen Kollegen unterscheiden würde. Von Ternate aus fährt er im Juni 1894 nach Celebes und bereist dort mit Fritz und Paul Sarasin[92] zusammen die Region, in der die Ethnie der Minehassa lebt. Die beiden Sarasins erforschen in zwei längeren Reisen die ganze Insel und publizieren 1905 ihre Forschungsergebnisse unter dem Titel *Reisen in Celebes. Ausgeführt in den Jahren 1893–1896 und 1902–1903*. In ihrem Vorwort betonen sie: „Daß es uns vergönnt war, das unbekannte Innere der Insel geographisch zu erforschen, war ein Geschenk der Königlich Niederländischen Regierung, welche uns nicht nur die Erlaubnis dazu erteilt, sondern, wie wir im Laufe unseres Werkes im einzelnen berichten werden, in großartiger Weise unsere Reisen unterstützt und dadurch überhaupt möglich gemacht hat.“[93] Der Leser erfährt auch genauer, welche Personengruppen diese Hilfe bei der zweiten Celebesreise 1902–1903 geleistet haben und worin sie bestand: „Die Entsendung von Schiffen und Truppen nach der Palu-Bai, um die Forschungsreise durch Central-Celebes, welche sonst am Widerstand der Eingeborenen gescheitert wäre, zu sichern, war eine Unterstützung so tatkräftiger Art, wie das in der Geschichte der Wissen-

[91] Brief vom 20.11.1893.

[92] Paul Sarasin (1856–1929) und sein Vetter 2. Grades Fritz Sarasin (1859–1942) Schweizer Naturforscher und Ethnologen.

[93] Sarasin und Sarasin 1905, S. V, VI.

schaft fast ohne Beispiel sein dürfte. [...] Beamte der Regierung, Offiziere der Marine und des Landheeres, Gelehrte und Missionare, Kapitäne, Offiziere und Agenten der Königlichen Packetfahrt-Gesellschaft und Kaufleute in großer Zahl haben uns unsere Aufgabe zu erleichtern gesucht."[94]

Im August 1894 erkundet Kükenthal vom Baram-Distrikt aus einen kleinen Teil Borneos unter vergleichbaren Bedingungen, was seine Zusammenarbeit mit den lokalen Machthabern betrifft. Nach seiner Ankunft in Kuching teilt er seiner Frau mit: „Ich [...] machte seiner Hoheit dem Rajah Brooke[95] meine Aufwartung. Alles ist hier in würdigem Stile. Vor dem Schlosse standen Schildwachen, die vor mir präsentirten, [...] . Der Rajah empfing mich sehr freundlich, versprach mir seine Hilfe und bot mir an morgen früh mit dem Regierungsdampfer [zu] den Bantamfluss[96] hinauf ins Innere zu fahren."[97] Für die jeweiligen Kolonialverwaltungen zahlt sich die geschilderte Unterstützung von Kükenthal, den Sarasins und vielen anderen europäischen Forschern durch einen Wissenszuwachs über das kolonisierte Gebiet aus, der auch nach Europa in das jeweilige, damals so genannte Mutterland, transferiert wird.

Das Selbstbild des Reisenden ist das eines starken, mutigen, gut organisierten, vernunftbegabten Forschers, der sich allen Herausforderungen gewachsen zeigt. Dieses Bild wird noch dadurch verdeutlicht, dass der Briefschreiber Gegen-

[94] Sarasin und Sarasin 1905, S. VI.
[95] Charles Johnson Brooke (1868–1917) zweiter Raja von Sarawak.
[96] Laut seiner Übersichtskarte ist Kükenthal den Rejangfluss und den Baramfluss hinaufgefahren (Abb. 1). In der Provinz Bantam, Westjava, hält er sich im Dezember 1893 auf, s. Brief vom 12.12.1893.
[97] Brief vom 2.8.1894.

bilder entwirft, wenn er nämlich seine Begegnungen mit Indigenen schildert. In Halmahera benennt er sie mit den Namen Saways oder Sarvays, Alfuren und Orang Slam. In Borneo schildert er Treffen mit Dajak und Kayan.

Die Saways oder Sarvays bezeichnet er als „Waldmenschen", die „auf sehr niedriger Culturstufe stehen."[98] Nach seiner ersten Expedition in Halmahera schildert er seinen Eltern „die Alfuren, die in vieler Hinsicht hochinteressant sind, es sind noch vollkommen Wilde, nur mit Lendenschurz begleitet, mit Lanze, Pfeil u Bogen bewaffnet, und ausgezeichnete Krieger u Jäger."[99]

Bezeichnend ist hier das Temporaladverb „noch". Es impliziert, die Alfuren würden unter dem Einfluss der holländischen Kolonialherrschaft ihre Lebensgewohnheiten ändern, indem sie die von den Europäern angeblich angestrebte Zivilisation übernehmen. Der Grad der „Wildheit" scheint sich für Kükenthal danach zu bemessen, wie weit indigene Bewohner bereit sind, sich den Forderungen der holländischen Kolonialherren zu unterwerfen. So beschreibt er im Mai die Alfuren im Norden Halmaheras: „Die Alfuren dieser Gegend stehen in sehr üblem Rufe. Frühere Piraten, haben sie jetzt noch kriegerische Gewohnheiten, und selbst als ihre Niederlassung im Jahre 1876 von den Holländern verbrannt wurde, hat es die Leute noch nicht zu zähmen vermocht. Die Sitte des Kopfabschneidens ist noch in vollem Schwange, erst vor 6 Monaten geschah dies mit einem ternateeischen Händler. Ein Jüngling erlangt erst dann volles Ansehen, wenn er einen Menschen getöd-

[98] Brief vom 16.2.1894.
[99] Brief vom 20.2.1894.

tet hat.“[100] Das Herrschaftsinstrument des Niederbrennens von Siedlungen wird in diesem Brief zwar als erfolglos benannt, aber keineswegs moralisch in Zweifel gezogen.

Die Mitteilung über die Sitte des Kopfjagens betont einerseits den Mut des Forschungsreisenden, dürfte aber andererseits kaum geeignet gewesen sein, beruhigend auf Kükenthals Frau zu wirken. Sie steht so in einem eigenartigen Gegensatz zu den vielen Hinweisen, seine Unternehmungen seien ganz ungefährlich. Sie kann auch als Beleg dafür gelesen werden, der Schutz der jeweiligen Kolonialmacht für den Forschungsreisenden sei so umfassend, dass er als Objekt für die Kopfjäger gar nicht in Betracht kommt.

Bei seiner dritten Halmahera-Expedition bezieht Kükenthal ein festes Quartier in Soah Konorah. Über die Menschen, die er dort trifft, berichtet er seiner Frau: „es sind harmlose Naturmenschen, ganz anders wie die Malayen. Wenn man sie freundlich behandelt, ihnen aber nichts durchgehen läßt, so sind sie etwa artigen Kindern zu vergleichen. Schrecklich neugierig sind sie freilich, ich habe ihnen den Zutritt ins Haus verbieten müssen, und nun hocken sie in der Hintergalerie, oft in ganzen Schaaren um zu sehen was der ‚große Herr‘ macht.“[101] Die Beschreibung folgt dem Topos, Indigene als unmündig und infantil zu charakterisieren. Dieses Charakteristikum unterscheidet sie nach Ansicht vieler Europäer zu Kükenthals Zeit von ihren Kolonialherren, denen damit die Aufgabe zufällt, die indigenen Völker zu erziehen und ihnen die Zivilisation zu bringen.

[100] Brief vom 3.5.1894.
[101] Brief vom 4.4.1894.

Vor den Malayen Halmaheras war Kükenthal von verschiedener Seite gewarnt worden: „Von den Eingeborenen drohen keinerlei Gefahren nur muß man sich zur Bedingung machen von den ‚Orang Slam' den Malayen Halmaheras niemals etwas zu genießen, auch nichts was mit der Hand eines Eingeborenen in Berührung kommt. Die Leute arbeiten nämlich sehr stark in Giften u wählen mit Vorliebe Fremde als Versuchsobjecte, um deren Wirkung zu erproben."[102]

Das in Sarawak geführte Tagebuch XV.

Dieses Tagebuch ist ein gänzlich inhomogener Text. Vom 8.–18. August finden sich zu den einzelnen Tagen jeweils Eintragungen, meist zu den Sammelergebnissen der indigenen Sammler, Jäger und Schmetterlingsfänger, die Kükenthal gleich nach Ankunft im Baram-Distrikt engagiert, oder zu kleineren Expeditionen in die Umgebung des Hauses von Charles Hose, in dem er wohnt.

Wie auch in dem auf der ersten Spitzbergenfahrt geführten Tagebuch aus dem Jahr 1886 sind die Eintragungen unterbrochen.[103] In Tagebuch XV. sind längere „Notizen für eine spätere Ausarbeitung" eingefügt zu den Themen Geschichte, Oberflächengestaltung, Geologie, Fauna, Flora und Staatseinrichtungen. An die Eintragungen zu den einzelnen Daten schließen sich „weitere Bemerkungen" an, die Notizen zu den Themen Sklaverei, Malayen, Dajak und

[102] Brief vom 3.5.1894.

[103] Bauer 2015, S. 166–168: Etwas über Eisverhältnisse, S. 172–175: Biologisches über Beluga leucas.

zur Geschichte der Rajas von Sarawak enthalten. Der Staatshaushalt von Sarawak für 1891 wird notiert.

Während seiner Expedition in das Innere des Baram-Distrikts vom 19.–27. August führt Kükenthal kein Tagebuch. Vom 28. August bis 8. September werden dann wieder täglich Eintragungen zu Sammelergebnissen und kleineren Expeditionen vorgenommen. Auch diese werden unterbrochen durch Notizen zum Klima und zur Sitte der Penisperforation bei den Kayan. Letztere wird durch Zeichnungen illustriert.[104] Andere Themen für Notizen sind weitere Sitten der Kayan und der Islam.

Die chronologischen Eintragungen sind als Erzählung gestaltet.[105] Sie werden von verschiedenen Erzählinstanzen wiedergegeben, vorherrschend ist aber ein Ich-Erzähler, der auch Teilnehmer am Geschehen ist: „Wie ich nach Borneo kam habe ich bereits in einem früheren Tagebuch auseinander gesetzt (XIV) Nun stehe ich hier im Bungalow von Mr. Charles Hose, dem sarawakischen Residenten, der mich mit viel Freundlichkeit empfangen hat."[106] Dieser Erzähler bewegt sich auf der Ebene der erzählten Zeit, also in dem Zeitraum vom 8. August bis zum 8. September 1894. In den so gestalteten Teilen des Tagebuchs ist ein erzählendes Ich zu unterscheiden von einem Ich, über das erzählt wird. Dieses Ich, über das erzählt wird, ist in einzelnen Passagen des Tagebuchs ein kollektives „wir": „8 volle Tage waren wir unterwegs, am Dienstag den 28. Aug. Mittags kamen wir zurück."[107] Diese Teile des Tagebuchs sind meist faktual

[104] Siehe Abb. 16 und 17.
[105] Zur Tradition von wissenschaftlichen Tagebüchern s. Bauer 2015, S. 12–15.
[106] Tb XV., 8. August.
[107] Tb XV., 28. August.

erzählt und im Präteritum gehalten: Der Erzähler blickt zurück auf das Geschehen, er bürgt für die Glaubwürdigkeit des Erzählten und untermauert diese durch Nennung von Daten, Namen oder fachlichen Bezeichnungen: „Schoß 2 Vögel mit eigenth. gelben Lappen am Hinterhaupt, /Culabes javanensis/ sonst nicht viel erbeutet. Der Jäger brachte 2 Semnopithecus rubicundus [mit] denen ich die Gebeine entnahm, ferner 2 hübsche Vögel, darunter einen Specht. Eine Schildkröte mit eigenthümlichem langen Rüssel erhielt ich heute Morgen, ferner einen Laternenträger."[108]

Wie schon 1886 dienen dem erzählenden Ich Eintragungen in das Tagebuch aber auch dazu, seine Klagen[109] über manche Härten der Reise äußern zu können: „Die Moskitos sind eine entsetzliche Plage. Ich bin am ganzen Körper elend zerstochen. [...] Nirgends habe ich es annähernd so schlimm getroffen. [...] Der Abend wurde durch die enormen Moskitomassen ganz verdorben."[110]

Eine andere Erzählinstanz, in größerer Entfernung zur erzählten Zeit, formuliert wissenschaftliche Exkurse zu verschiedenen, bereits oben genannten Themen. Die Exkurse sind teilweise im Präsens geschrieben, ein Erzähler tritt darin nur ausnahmsweise in der Ich-Form auf. Die Exkurse sind keineswegs frei von Wertungen und persönlichen Urteilen, ja sogar kränkenden Äußerungen, die zeigen, in welchem Maße Kükenthal weit verbreitete Einschätzungen seiner Zeit übernimmt: „Die Chinesen mit ihren geheimen Gesellschaften mit ihrem [w] rastlosen Wuchergeist wer-

[108] Tb XV., 10. August.

[109] Bauer 2015, S. 53; 1886 sind zum Beispiel die Eintönigkeit des Essens und die hygienischen Verhältnisse auf dem Walfänger Gegenstand solcher Klagen.

[110] Tb XV., 11. August.

den stets gefährlich in fremdem Lande, wenn sie die Uebermacht bekommen. Ganz erstaunlich ist es /z. B/ wie sie [d] in Singapore die Oberhand bekommen haben.[111] Singapore ist eine Chinesenstadt durch und durch. Die alten [Einw] Bewohner, die Malayen, sind dermaßen zurückgedrängt, dass man nur selten einen auf der Straße sieht. Gegenüber dem Europäer ist der Chinese von Singapore einfach frech um einen deutlichen deutschen Ausdruck zu gebrauchen. Kommt man in einen Laden, so nimmt sich der meist fette [/Eig/ mit nactem Oberkörper] u [obe] halbnacte Eigenthümer nicht die geringste Mühe, aufzustehen und entgegen zukommen."[112]

Ganz ohne Bezug zur erzählten Zeit ist eine Erzählinstanz des Tagebuchs, die als eine Art Historiker Quellen wiedergibt, ohne allerdings Auskunft über deren Herkunft zu geben. So wird nach den Eintragungen zu Sonnabend, dem 18. August, wie schon erwähnt, der Staatshaushalt von Sarawak für das Jahr 1891 auf fünf Seiten wiedergegeben. Nach den Eintragungen zum 2. September schreibt Kükenthal eine Tabelle zu Temperaturen ab, die er von Charles Hose erhalten hat. Es folgen zwei Seiten mit Notizen zur Sitte der Penisperforation bei den Kayan, auch diese im Stil eines wissenschaftlichen Exkurses. Offensichtlich empfindet aber der Schreiber und Zeichner das Dargestellte als so fremd, dass er dies auch in seiner Sprache zum Ausdruck bringt: „Mr. Hose sagt es ist eine falsche Idee, daß jeder Kayan von diesen *sonderbaren Dingern*[113] im Pen. haben muß."[114] Was unter den

[111] Siehe auch Brief an M.K. vom 20.11.1893.
[112] Tb XV. „Notizen für eine spätere Ausarbeitung" nach dem 16. August.
[113] Hervorhebung durch S.B.
[114] Tb XV., nach den Eintragungen zum 2. September.

„sonderbaren Dingern“ zu verstehen ist, wird im Tagebuch so erläutert: „der Reizapp besteht aus Knochen, gelegentl. aber selten von Holz, hat ein Schrauben ende um es auf zu machen. Mitunter sehr eingef. geschmückt, einer den Mr Hose sah hatte vergoldete Knöpfchen oft sind kurzgeschnittene Borsten daran befestigt. Die gewöhnlichste Form sind [schwale] kleine Perlen.“[115]

Die gesamte Gestaltung des Tagebuchs XV. lässt den Schluss zu, dass Kükenthal es keinesfalls im Original veröffentlichen wollte. Oft sind Notizen nur stichwortartig notiert. Insgesamt dürfte das Tagebuch als Erinnerungsstütze für spätere Publikationen gedacht gewesen sein. In der Tat wird 1896 vieles daraus im ersten Teil von Kükenthals Reisebericht aufgegriffen.

Allerdings gibt es die interessante Ausnahme, dass die Notizen über die Penisperforation bei den Kayan an keiner Stelle eine Erwähnung finden. Sie werden weder im Reisebericht thematisiert noch in dem Vortrag, den Kükenthal im Dezember 1894 in der Versammlung der Senckenbergischen Naturforschenden Gesellschaft hält, erwähnt. Jedenfalls ist dies dem darüber geführten Protokoll so zu entnehmen. Das ist umso interessanter, als Miklucho-Maclay, ein früherer Assistent Haeckels, schon 1876 in der Berliner Gesellschaft für Anthropologie, Ethnologie und Urgeschichte über die Penisperforation auf Borneo schriftlich detailreich berichtet hatte.[116] Auch seiner Frau gegenüber erwähnt Kükenthal diese Sitte nicht. Ob er ihr nach seiner Rückkehr das Tagebuch gezeigt hat, ist nicht bekannt.

[115] Tb XV., nach den Eintragungen zum 2. September. Die Zeichnung eines perforierten Penis mit Wimpern eines Bocks bei Miklucho-Maclay 1876, S. 25.
[116] Miklucho-Maclay 1876.

Resümee

Die Veröffentlichung der Briefe und des Tagebuchs von Willy Kükenthal nach mehr als 120 Jahren, die seit seiner Rückkehr aus dem Malaiischen Archipel vergangen sind, ist in vieler Hinsicht von wissenschaftsgeschichtlichem Interesse, wie in dieser Einleitung erläutert wurde.

Die Briefe an Margarethe Kükenthal geben detailreich Einblick in den Alltag des Reisenden: über seine Reise bis Genua, wie die Schiffsreise ab da verläuft, ja sogar, was er isst und trinkt, welche Menschen er trifft, in welchen Häfen das Schiff anlegt, wie seine Aufenthalte in Singapur, Batavia und Buitenzorg verlaufen und wie er seine Weiterreise organisiert. Oft enthalten sie ausführlichere Landschaftsschilderungen und sprachlich spontan formulierte, nicht überarbeitete Beschreibungen von Menschen, desgleichen Urteile über gesellschaftliche Verhältnisse.

Nach der Ankunft in Ternate verlagert sich der Schwerpunkt der Mitteilungen mehr zu Kükenthals Arbeit hin. Der Leser erfährt, wie er mit den lokalen Machthabern und der holländischen Kolonialverwaltung zusammenarbeitet, wie er ihre Vertreter beurteilt, was er sammelt, wie er seine Sammlung organisiert und wie er seine Expeditionen durchführt. Die Briefe sind persönlich, was ihre Adressierung und ihre Nachfragen zu einzelnen Familienmitgliedern betrifft, und sind es auch in den Passagen, in denen sie weitgehend im Stil eines Arbeitsberichts gestaltet sind, wie es bei der Textsorte „Brief" zu erwarten ist. Ihre Sprache ist nicht geglättet, was sie von dem 1896 vorgelegten Reisebericht Kükenthals unterscheidet. Die Briefe an

Margarethe Kükenthal sind meist lang und enthalten zum Teil sehr genaue Schilderungen. In den Kontext des Persönlichen gehören auch die regelmäßigen Betrachtungen der Rolle des Forschungsreisenden und wie er diese ausfüllt. In den Briefen an die beiden Zoologen Haeckel und Möbius fehlt Persönliches ganz, von der Gratulation zu Haeckels Geburtstag abgesehen.

Das kurze Tagebuch gibt in seiner Inhomogenität gleichsam einen weiteren Einblick in Kükenthals Schreibwerkstatt. Ein Thema, das relativ ausführlich angeschnitten wird, nämlich die Sitte der Penisperforation, wird im Reisebericht nicht ausgearbeitet, weil es auf den Forscher offensichtlich allzu fremd wirkte. Wenig überraschend ist, dass es auch in den Briefen an seine Frau nicht erwähnt wird. Das Tagebuch dokumentiert, was Kükenthal in Borneo als wichtig genug befand, notiert zu werden. Auch in diesem Text werden freimütige Urteile geäußert, Klagen untergebracht und außerdem Menschen und deren Sitten drastisch charakterisiert.

Biografie, 1. Teil, Willy Kükenthal: 1861–1894

Herkunft und Elternhaus

Willy Kükenthal wird am 4. August 1861 als drittes Kind von Minna Kükenthal geb. Wimmer und August Kükenthal in Weißenfels an der Saale geboren. August Kükenthal bekleidet dort das Amt eines Königlichen Steuerinspektors. Zwei weitere Geschwister folgen. Der jüngere Bruder, Georg Kükenthal, wird sich einen Ruf als autodidaktischer Botaniker erwerben.

Weißenfels ist seit 1816 Kreisstadt des Landkreises Weißenfels. Der Landkreis gehört zur der auf dem Wiener Kongress gebildeten preußischen Provinz Sachsen.

Die weitverzweigte Familie Küchenthahl, Küchendahl, Kükenthal, Kückenthal, Kückendahl gibt nach Ansicht ihres Chronisten Werner Küchenthahl[117] mit ihren Einzelschicksalen „ein Spiegelbild der Gesamtgeschichte Mitteldeutschlands seit dem Mittelalter wieder."[118] Nach der Wiedervereinigung benannte die Stadt Weißenfels eine ihrer Straßen nach Willy Kükenthal (Abb. 2).

[117] Küchenthal 1928.

[118] Küchenthal 1928, S. 6.

S. Bauer, *Briefe und Tagebuchaufzeichnungen Willy Kükenthals von seiner Reise in den Malaiischen Archipel 1893–1894*, https://doi.org/10.1007/978-3-662-54877-6_2

Abb. 2 Kükenthalstraße in Weißenfels an der Saale. (Foto: S. Bauer, 28.07.2016)

Nach dem Besuch der Volksschule in Weißenfels geht Kükenthal in Halle auf das Gymnasium. Bereits seit 1846 war Weißenfels an das Netz der Thüringer Bahn angeschlossen, sodass Kükenthal den täglichen Schulweg mit der Eisenbahn auf der Strecke von Weißenfels über Merseburg nach Halle bewältigen kann.

Als Kükenthal Schüler ist, kann man in Preußen ein Abitur, das zum Studium aller Fächer an einer Universität berechtigt, nur auf dem humanistischen Gymnasium ablegen. Der Schwerpunkt des Unterrichts liegt für Kükenthal demzufolge auf den klassischen Sprachen Griechisch und Latein. Außerdem gibt es wenig Unterricht in Englisch oder

Französisch sowie in Deutsch. Unterrichtet werden ferner Mathematik und ein wenig Naturgeschichte. Im Abitur ist noch der lateinische Aufsatz zu bewältigen, der erst 1890 auf Initiative von Wilhelm II. abgeschafft wird.

Studium und Promotion

Zum Wintersemester 1880 geht Kükenthal nach München, um Paläontologie und Mineralogie zu studieren. 1882 wechselt er an die Universität Jena und studiert Zoologie. Bereits im Frühjahr 1884 promoviert er bei Ernst Haeckel. Seine Doktorarbeit trägt den Titel „Über die lymphoiden Zellen der Anneliden".

Kurz nach seiner Promotion teilt ihm die preußische Regierung an der zoologischen Station in Neapel einen Arbeitsplatz zu. In der von dem deutschen Zoologen Anton Dohrn gegründeten und ab 1872 auch der Öffentlichkeit zugänglich gemachten Forschungsstation arbeitet Kükenthal bis Ostern 1885.

Schon während seines Studiums hatte er Kontakte zum Naturkundemuseum in Bergen geknüpft. Im Jahresbericht des Museums ist unter dem Kapitel „De Naturhistoriske Samlingers Tilvækst i 1883" verzeichnet: „Dr. (sic!)[119] Kükethal (sic!) Jena: 363 Stykker Forsteninger fra Tyskland, væsentlig fra Juraformationen Muschelkalk og fra Kulformationen."[120] Zusammen mit seinem Kollegen Bernhard

[119] Kükenthal promoviert 1884.

[120] Bergens Museum Aarsberetning 1883, S. 19. Übersetzung: Dr. Kükenthal, Jena: 363 Versteinerungen aus Deutschland, im Wesentlichen aus dem Jura Muschelkalk und aus dem Karbon.

Weißenborn sammelt er erste Forschungserfahrung mit der Fauna des Nordatlantiks bei einem Aufenthalt in Westnorwegen, und zwar in Alverstrømmen, im Jahr 1885. Der Jahresbericht des Naturkundemuseums Bergen verzeichnet für 1885: „Dr. Kückenthal (sic!) og Weisenborn (sic!) fra Jena benyttede i kortere og længere Tid Museet som zoologisk Station, hvorfra Excursioner foretoges."[121] Wie die Zoologen bei diesen Exkursionen gearbeitet haben, zeigt ein Brief von Kükenthal an Ernst Haeckel, geschrieben am 12. September in Alverstrømmen:

„Verehrter Herr Professor, Mit diesen Zeilen will ich mir erlauben einen kurzen Bericht über unsere Thätigkeit zu senden. Seit etwa 4 Wochen befinden wir uns in Alverstrømmen, einem kleinen, etwas nördlich von Bergen gelegenen Dorfe, und haben uns dort in dem Hause des Landhändlers Rasmussen niedergelassen. Da vor uns schon Zoologen, so Dr. Blochmann aus Heidelberg, hier Wohnung genommen hatten, und unser intelligenter Wirth denselben bei ihrer Arbeit sehr behülflich gewesen war, so befanden wir uns bald im Besitz eines kleinen zweckmäßig eingerichteten Laboratoriums; aus ein paar großen Waschkübeln und einem Gummischlauch wurde ein kleines Aquarium mit fließendem Wasser aufgebaut und schon nach ein paar Tagen konnten wir mit dem Dredgen beginnen. Die dazu nöthigen Taue und Netze waren uns mit größter Liebenswürdigkeit von Herrn Prof Daniellsen[122]

[121] Bergens Museum Aarsberetning 1883, S. 12. Übersetzung: Dr. Kükenthal und Weißenborn aus Jena bedienten sich für kürzere und längere Zeit des Museums als zoologischer Station, von der aus sie Exkursionen unternahmen.
[122] Danielssen, Daniel Cornelius (1815–1894), norwegischer Arzt und Zoologe, seit 1864 Leiter des Museums in Bergen. Angaben zu seiner Biografie: *Norsk biografisk leksikon*: https://nbl.snl.no/Daniel_Cornelius_Danielssen.

zur Verfügung gestellt, und mit einem alten Fischer, der mit unseren Vorgängern oft hinaus gefahren war und die besten Plätze gut kennt, sind wir bis jetzt 10 Mal zum Arbeiten ausgefahren. Das Dredgen ist hier nicht unbeschwerlich da in den schmalen Meeresarmen starke Strömungen herrschen, und wir das Netz noch mit Bleigewichten beschweren müssen, damit es nicht fortgerissen wird, die Ausbeute ist aber äußerst lohnend. Speziell von Anneliden habe ich eine hübsche Sammlung bekommen, von denen mehreres für unsere jenaische Lehrsammlung brauchbar sein dürfte. Herr Weißenborn, welcher sich speciell mit Crustaceen beschäftigt, ist mit den Dredgeresultaten ebenfalls sehr zufrieden. Herr Leon arbeitet über Coelenteraten, [...] – Von Fischen haben wir durch Herrn Conservator Nansen[123] in Bergen sehr hübsche Sachen bekommen, so den sehr seltenen Lachs Argentina silus, ferner mehrere Chimären, [...] Spinax niger, und verschiedene andere. Einige große Rochen, sowie einen Coryphaenoides norwegicus haben wir grob sceletirt. Echinoiden haben wir in großer Anzahl, von großen Exemplaren von Echinacea esculentus werde ich Schalen mitbringen, ebenso dachte ich daran gut conservirte große Holothurien für das Practicum mitzunehmen, da meine vor zwei Jahren mitgebrachten, in Folge schlechter Conservirung ziemlich mariniert sind. Eine Brisinga zu bekommen, war mir leider nicht möglich, sie kommt nur im Hardangerfjorde in sehr bedeutender Tiefe vor, und ist auch dort recht selten; auch zu kaufen ist keine Möglichkeit vorhanden, und es bleibt uns nur noch die Hoffnung, daß mein Freund Nansen mir

[123] Fridtjof Nansen ist 1882–1887 Konservator am Museum in Bergen. Zu diesem Abschnitt in Nansens Leben siehe Helle, Karen Blaauw: http://www.uib.no/filearchive/umb-aarbok-2011nansen.pdf.

später einmal ein Exemplar besorgt. Wir denken noch den ganzen Monat hierzubleiben, und in der ersten Hälfte des Octobers nach Jena zurückzukehren. Indem ich mir erlaube von Herrn Weißenborn und mir die besten Grüße zu senden verbleibe ich Ihr ganz ergebener Dr. W. Kükenthal."[124] Nachdem er aus Alverstrømmen zurückgekehrt ist, wird Kükenthal ab Sommer 1885 Assistent bei Ernst Haeckel.

Forschungsreisen in die Arktis und Habilitation

Im Frühjahr 1886 bricht Kükenthal, vierundzwanzigjährig, von Jena nach Tromsø auf, um sich dort für ein halbes Jahr auf das kleine Walfangschiff „Hvidfisken" zu begeben (Abb. 3). Er möchte auf der Fahrt nach Spitzbergen[125] Material für seine weitere Forschung sammeln.[126]

An Bord ist er der einzige Wissenschaftler. Mit der Mannschaft, Walfängern aus Nordnorwegen und Finnland, verständigt er sich auf Norwegisch, das er schon von seinen früheren Aufenthalten in Norwegen beherrscht. Während der Fahrt mit dem „Hvidfisken" beteiligt er sich an allen Arbeiten, die für den lebensgefährlichen Walfang notwendig sind. Der Gewinn gehört dem Kapitän und der Mannschaft, aber Kükenthal kann Teile, die für die Walfänger wertlos sind,

[124] EHH, A-Abt. 1, Nr. 2395/4.

[125] Heute Svalbard.

[126] Während dieses halben Jahres führt Kükenthal ein Tagebuch, in das er auch Zeichnungen aufnimmt. Die Transkription des Tagebuchs wurde 2015 unter dem Titel „Tagebuch Willy Kükenthal" herausgegeben und mit Kommentaren versehen in der Reihe Springer Spektrum. Das Original ist heute in der Historischen Schrift- und Bildgutsammlung des Museums für Naturkunde Berlin.

Abb. 3 Zeichnung von W. Kükenthal: „Auf Deck des Fangsschiffes ‚Hvidfisken' 22. August 1886". (Original: 36,2 cm breit, 25,5 cm hoch, Privatbesitz)

für seine spätere Arbeit präparieren und konservieren. Auf dieser Reise beginnt Kükenthal seine Sammlung von Walembryonen – später ein lebenslanges Projekt. Nach seinem Tod 1922 kauft das Museum für Naturkunde in Berlin die Sammlung. Sie hat beide Weltkriege ohne Schäden überstanden.

Zurückgekehrt nach Jena, habilitiert Kükenthal sich 1887 mit einer Arbeit „Über das Nervensystem der Opheliaceen".[127] 1889 legt er als Ergebnis der ersten Spitzbergenfahrt sein Buch „Vergleichend anatomische und

[127] UAJ, Bestand BA, Nr. 461, Bl. 41 v.

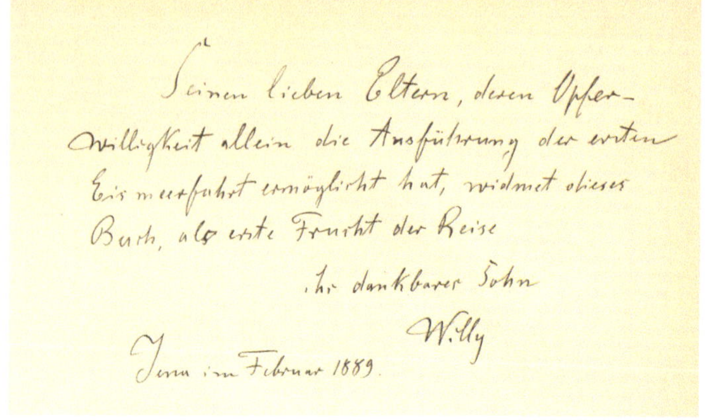
Seinen lieben Eltern, deren Opfer-
willigkeit allein die Ausführung der ersten
Eismeerfahrt ermöglicht hat, widmet dieses
Buch, als erste Frucht der Reise
Ihr dankbarer Sohn
Willy
Jena im Februar 1889.

Abb. 4 Widmung im Dedikationsexemplar der 1889 erschienenen „Untersuchungen an Walthieren" für Kükenthals Eltern. (Privatbesitz)

entwickelungsgeschichtliche Untersuchungen an Walthieren"[128] vor (Abb. 4).

Schon im Frühjahr 1889 ist Kükenthal wieder auf Forschungsreise, dieses Mal nach Ostspitzbergen. Sein Antrag auf Freistellung für das Sommersemester lautet: „Euer Magnificenz! Ergebenst Unterfertigter erlaubt sich die Bitte zu stellen, ihn wegen Vornahme einer wissenschaftlichen Reise von dem Halten von Vorlesungen für das nächste Sommersemester dispensiren zu wollen Dr. Willy Kükenthal Privatdozent."[129] Er ist Passagier auf einem Walrossfänger, „da es mir darauf ankam möglichst weit und in möglichst wenig oder noch gar nicht untersuchte Gebiete einzudringen, so konnte ich nur auf eine Klasse von Fangschiffen, auf die

[128] Jena: G. Fischer, 1889.
[129] UAJ, Acta academica, Vol. XI, Bl. 87a.

Walrossfänger reflektieren, da diese ihre Beute tief im Eise aufsuchen müssen.“[130] Noch ehe Kükenthal Ostspitzbergen erreicht, erleidet der Walrossfänger Schiffbruch.

Ein Brief, den Kükenthals Vater am 27. August 1889 an Ernst Haeckel schreibt, informiert über den Gang der Reise: „Hochverehrter Herr Professor! Da ich weiß daß Sie an dem Schicksal meines Sohnes Antheil nehmen, so gestatte ich mir Ihnen dasjenige mitzutheilen was ich durch directe Telegramms von Tromsoe erfahren habe. Das Schiff Berentine, auf welchem sich mein Sohn und Dr Walter befanden ist an der Westküste von Spitzbergen gescheitert, die Schiffbrüchigen sind sämtlich gerettet und von dem Fangschiff Cäcilie Magdalena, Capitän Arnesen, aufgenommen. Ein nach Bremen von Tromsoe gereistes Telegramm besagt daß <u>Alles</u> gerettet sei. Das Fangschiff setzt die Reise nach Norden fort und wird die Rückkehr wohl erst Ende Septbr erfolgen. [...] Mit vorzüglicher Hochachtung ganz ergebenst Kükenthal.“[131] Seine Forschungsreise führt Kükenthal tatsächlich trotz seines Schiffbruchs zu Ende. In demselben Jahr 1889 berichtet er darüber der Geographischen Gesellschaft Bremen, die sich an der Finanzierung beteiligt hatte.[132]

Beide Spitzbergenfahrten dokumentiert Kükenthal nicht nur durch schriftliche Aufzeichnungen,[133] sondern auch durch Zeichnungen. In den Packlisten des 1886 geführten Tagebuchs werden Malutensilien zweimal genannt.[134] In

[130] Kükenthal 1890, S. 2.
[131] EHH A-Abt.1, Nr. 2395/2.
[132] Kükenthal 1890.
[133] Das Tagebuch, das er 1889 führt und das dem Vortrag in der Geographischen Gesellschaft Bremen zugrunde gelegen haben wird, ist bisher nicht aufgefunden.
[134] Bauer 2015, S. 32, 34, 35.

Abb. 5 Zeichnung von W. Kükenthal, 1886, mit der Beschriftung *links*: „Tempelberg Sassenbai 5 August" und *rechts*: „Sassenbai Südostboden". (Original: 36,2 cm breit, 25,5 cm hoch. Privatbesitz)

dem fortlaufenden Bericht notiert er an sechs Tagen, er habe gemalt oder gezeichnet.[135] Das 1886 geführte Tagebuch enthält mehrere dieser Zeichnungen.[136] Andere sind auf einzelnen Blättern angefertigt wie die in Abb. 5 und 6.[137]

1889 während der Fahrt nach Ostspitzbergen hat Kükenthal zudem aquarelliert: „In einer grösseren Anzahl von Aquarellskizzen, gegen 60 an der Zahl, suchte ich die von uns besuchten Gegenden festzuhalten, da derartige Bilder, selbst wenn sie nur das Werk weniger Minuten sind,

[135] Bauer 2015, S. 59, 68, 74, 93, 163, 165.

[136] Bauer 2015, S. 25, 50, 92, 95, 119, 127, 142, 160.

[137] Siehe Abb. 3 und Bauer 2015, S. 50. Weitere 18 Zeichnungen von der ersten Fahrt nach Spitzbergen befinden sich in Privatbesitz.

Abb. 6 Zeichnung von W. Kükenthal, 1886, mit der Beschriftung auf der Rückseite: „Hvidfiskfang Adventbai 14 August". (Original: 32,5 cm breit, 23,9 cm hoch. Privatbesitz)

dennoch eine bessere Anschauung geben als die längste Beschreibung."[138] Unter den 2016 in der Historischen Arbeitsstelle des Museums für Naturkunde gesichteten rund 250 Glasnegativen von Kükenthals Fotografien fanden sich auch solche von Spitzbergen. Die Aufnahmen sind undatiert und ohne Titel, können aber der Fahrt von 1889

[138] Kükenthal 1890, S. 36, 37. Zwei Aquarelle in http://tudigit.ulb.tu-darmstadt.de zwischen S. 66, 67: „Die König Karls-Inseln mit Bremer Sund". Zwischen S. 76, 77: „Ostküste von Barentsland von Cap Barth bis Cap Bessels". Die Originale befinden sich in Privatbesitz. Am Ende des Berichts, nach S. 99, zwei von Kükenthal gezeichnete Karten: „Ost-Spitzbergen und die König Karls Inseln" und „Übersichtsskizze der von der Geogr. Gesellschaft zu Bremen veranstalteten Expedition nach Spitzbergen Dr. Kükenthal & Dr. Walter 1889".

Abb. 7 Fotografie von W. Kükenthal, Ostspitzbergen, 1889, Junge Raubseeschwalbe. (HBSB MfN ZM_B_V_1079)

zugeordnet werden (Abb. 7 und 8). Für das Jahr 1886 finden sich keinerlei Hinweise auf Fotografien.

Ritter-Professor für Phylogenie in Jena 1889–1898

Nach der erfolgreichen Expedition nach Ostspitzbergen schlägt Haeckel 1889 Kükenthal als Nachfolger des ausgeschiedenen Ritter-Professors Lang vor. Der Prorektor schließt sich dem Vorschlag an. Paul von Ritter, ein rei-

Abb. 8 Fotografie von W. Kükenthal, Ostspitzbergen, 1889, Dreizehenmöwe *Rissa tridactyla.* (HBSB MfN ZM_B_V_1082)

cher Erbe und Philanthrop hatte 1886 der Universität Jena 300.000 Reichsmark gestiftet, unter anderem zur Finanzierung eines Extraordinariats für Phylogenie. Von Ritters Ziel war, der Lehre Darwins in Deutschland zum Durchbruch zu verhelfen.

Die Regierung schließt sich dem Vorschlag der Universität zur Besetzung der Ritter-Professur am 15. November 1889 an[139] und Kükenthal nimmt den Ruf am 27. November mit den Worten an: „Auf die Mittheilung

[139] UAJ, Bestand BA, Nr. 1544, Bl. 62 r.

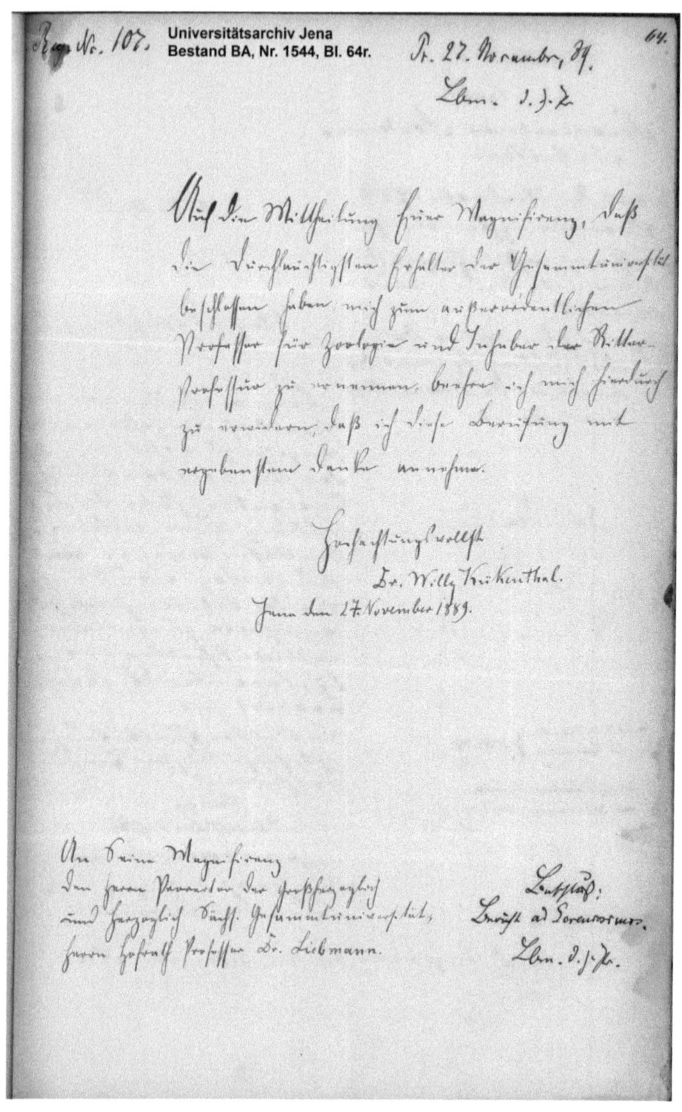
Reg. Nr. 107. Universitätsarchiv Jena Bestand BA, Nr. 1544, Bl. 64r. Pr. 27. November, 89. Lbm. d. J.Z. 64.

Auf die Mittheilung Seiner Magnificenz, daß die Durchlauchtigsten Erhalter der Gesammtuniversität beschlossen haben mich zum außerordentlichen Professor für Zoologie und Inhaber der Ritter-Professur zu ernennen, beehre ich mich hierdurch zu erwidern, daß ich diese Berufung mit ergebenstem Danke annehme.

Hochachtungsvollst
Dr. Willy Kükenthal.
Jena den 17. November 1889.

An Seine Magnificenz
Den Herrn Prorector der großherzoglich
und herzoglich Sächs. Gesammtuniversität,
Herrn Hofrath Professor Dr. Liebmann.

Beschluß:
[illegible]
Lbm. d. J.Z.

Abb. 9 Schreiben von W. Kükenthal an den Rektor der Universität Jena vom 17.11.1889. (UAJ, Bestand BA, Nr. 1544, Bl. 64 r)

Eurer Magnifizenz, daß die Durchlauchtigsten Erhalter[140] der Gesammtuniversität beschlossen haben mich zum außerordentlichen Professor für Zoologie und Inhaber der Ritter-Professur zu benennen beehre ich mich hierdurch zu versichern, daß ich diese Berufung mit ergebenstem Dank annehme. Hochachtungsvoll Dr. Willy Kükenthal Jena den 27. November 1889"[141] (Abb. 9). Kükenthal lehrt als Ritter-Professor bis 1898.[142]

Margarethe Scheibe

Margarethe Scheibe wird am 5. Januar 1870 in Greiz im Thüringer Vogtland geboren. Ihr Vater, Gustav Scheibe (1837–1923), ist dort Kaufmann. Als wohlhabender Mann gibt er schon früh die Geschäfte auf und zieht mit seiner Frau Lina, geb. Arnold (1841–1893), und den Kindern nach Coburg. Dort lebt die Familie in einem komfortablen Haus in großbürgerlichem Stil.

In Coburg besucht Margarethe die Alexandrinenschule. Neben Religion, Deutsch, Geschichte, Französisch, Rechnen, Geografie und Naturgeschichte werden die Schülerinnen in weiblichen Handarbeiten unterwiesen. Das Gymnasium zu besuchen und das Abitur abzulegen, ist für Margarethe als Mädchen zu dieser Zeit in Coburg noch nicht

140 Zeitgenössische Bezeichnung für die fürstlichen Häupter der vier thüringischen Kleinstaaten, die gemeinsam die Universität Jena finanzieren.

141 UAJ, Bestand BA, Nr. 1544, Bl. 64 r.

142 Eine Übersicht über seine Lehrveranstaltungen bei Uschmann 1959, S. 156. Ebd. S. 157 auch ein Überblick über Kükenthals wissenschaftliche Publikationen in dieser Zeit.

Abb. 10 Willy Kükenthal mit seiner Frau Margarethe und den Töchtern 1893. (Foto: Anonym, Privatbesitz)

möglich. Nach Beendigung ihrer Schulzeit 1885 geht sie für ein Jahr in die französische Schweiz, um ihre Schulbildung abzuschließen – der übliche Bildungsweg für Töchter des vermögenden Bürgertums zu dieser Zeit. Margarethe Scheibe und Kükenthals jüngere Schwester Martha sind offenbar befreundet.

1890 wird Margarethe Scheibe Ehefrau von Willy Kükenthal. Das Paar nimmt seine Wohnung in Jena am Carl-Alexander-Platz (heute: Alexander-Puschkin-Platz). 1891 wird die Tochter Charlotte geboren, 1893 die Tochter Edith (Abb. 10).

Vom Herbst 1893 an unternimmt Kükenthal eine einjährige Forschungsreise in den Malaiischen Archipel. Während dieser Zeit schreibt er regelmäßig Briefe an seine Frau, von denen sich 33 erhalten haben, ferner ein Tagebuch mit der Zählung XV., das er in Sarawak führt. Briefe und Tagebuch zieht er nach seiner Rückkehr heran, um einen Reisebericht zu verfassen (Abb. 11).

Briefe und Tagebuchaufzeichnungen Willy Kükenthals von seiner Reise in den Malaiischen Archipel 1893–1894

Frankfurt a. M., Hôtel Jacobi Weinhandlung, den 19. Oct. 1893[143]

Lieber Schatz,

gestern Abend bin ich glücklich angelangt und, in meinem alten guten Quartier abgestiegen. Kurz nach meiner Ankunft kam Oberl. Blum[144] ins Hôtel, mit dem ich zunächst geschäftliches besprach. Der Creditbrief lautet auf 10,000 Mark, außerdem kriege ich noch 1000 Mark bares Geld, so daß also die gesamte Ausrüstung, sowie ein Theil des Schiffbillets noch extra bezahlt wird. /Theile das auch Deinem Vater mit./ Sollte ich nicht reichen, so hat mit Blum mitgetheilt – allerdings im Vertrauen – daß ich dann nur an die Gesellschaft schreiben sollte, um mehr zu

[143] Ist kein Empfänger genannt, ist der Brief an Margarethe Kükenthal gerichtet.
[144] Oberlehrer Blum: der amtierende Direktor der Senckenbergischen Gesellschaft.

S. Bauer, *Briefe und Tagebuchaufzeichnungen Willy Kükenthals von seiner Reise in den Malaiischen Archipel 1893–1894*, https://doi.org/10.1007/978-3-662-54877-6_3

Abb. 11 Entwurf eines Titelblattes für Kükenthals Reisebericht aus dem Jahr 1896, ausgeführt von der Lithographischen Anstalt von Werner & Winter, Frankfurt a. M. Der Entwurf wurde nicht verwendet. HBSB MfN ZM, B IX/1698

bekommen. Keinesfalls wünschen die Herren, daß ich von anderer Seite her unterstützt werde.

Am Abend wohnte ich dann einer Sitzung der „Käferschachtel“ bei, eines Vereins für naturwissensch. Unterhaltung, wo es sehr nett war.

Meine Abreise von hier ist auf Freitag Nachmittag ½ 2 Uhr festgesetzt worden, ich bin dann am Abend um 10 Uhr in Luzern, und fahre dann am nächsten Morgen mit dem Blitzzug nach Genua. Von der Senckenb. Gesellschaft wirst Du in diesen Tagen das Geld für die Fracht erhalten, 30,80 Mark. Schicke es zu Blüthern, lasse dir Quittung ausstellen und sende letztere nach Oberlehrer Blum, Director der Senckenbergischen naturf. Gesellschaft. Frankfurt a M. Reuterweg 51. Ich denke Du wirst die Commission gern übernehmen!

Und nun zum Schlusse zu Euch Lieben in Jena! Auf der Fahrt habe ich oft an Dich und die Kinder gedacht. Hoffentlich bist Du fidel und tapfer! Es genügt vollkommen wenn Du täglich mal an mich denkst. Schaffe Dir nur nicht selbst Plage. Den Kindern gib einen Kuß, grüße Martha, und laß bald etwas von Dir hören (Neapel) Ich erwarte dort sehr einen ausführlichen Brief.

Tausend Küsse von Deinem Dich innig liebenden

Bill

Ohne Datum

Liebe Grete!

Gruß aus Luzern. Anbei einige große Seltenheiten.[145] Nachher geht's zu Schiff weiter nach Fluelen, dann mit Gotthardtbahn. Bitte sende doch 30 Pf. in Briefmarken an „Gebr. Saul, Briefmarkenhandlung in Leipzig" nachträglich zu bezahlen für den von mir gekauften Postwerthzeichenkatalog.

Herzliche Grüße, bald schreibe ich wieder

Dein Willy

Ohne Ort, ohne Datum, {22.10.–23.10.1893}

Liebe Grete!

Noch einen letzten Gruß aus Genua. Die letzte Nachricht hast Du aus Heidelberg bekommen. Von da benutzte ich den Blitzzug und war abends um 10 Uhr in Luzern, Am anderen Morgen schlenderte ich durch die Stadt, kaufte ein paar Marken, die ich Dir zusandte, und begab mich dann aufs Dampfboot, welches mich über den See nach Fluelen brachte. Dicke Nebel verhüllten zuerst die Aussicht, sie zerrissen aber bald und ließen uns die herrlich schönen Bergformen immer deutlicher erkennen, bis alles in ungetrübter Klarheit erstrahlte. Mit dem Mittagszuge

[145] W.K. sammelt Briefmarken; s. auch Brief ohne Datum {22.10.–23.10.}.

über den Gotthard fahrend kam ich schon um ½ 8 Uhr Abends in Mailand an und beschloß weiter zu fahren, da ein guter Schnellzug um diese Zeit nach Genua geht. Um Mitternacht war ich hier, stieg im Hôtel Rebuchino (gut, italienisch aber Räuberhöhle) ab, und lag noch vor Mitternacht in süßem Schlummer, vor dem Einschlafen die Segnungen dieses Jahrhunderts preisend, welche uns erlauben bis zum Mittag auf dem Vierwaldstättersee zu gondeln und noch an demselben Tage sich an den Gestaden des Mittelmeeres zur Ruhe zu legen.

Eine Lichtfluth drang am andern Morgen in mein Zimmer und hieß mich eilig aufstehen. Die Fensterladen aufgestoßen, um die linden Lüfte des Südens hineinzulassen, die hier freilich mit den Düften der regen Straße etwas vermischt waren.

Zuerst gings an den Hafen, und von da der Küste entlang mit der Pferrebahn[146] nach Pegli durch schmutzige Vororte und Dörfer, alle verklärt in der /verschönernden/ Lichtfülle der italienischen Sonne, oft hart an den Felsengestaden entlang, welche das Ufer des leise athmenden, tiefblauen Meeres bilden, ging die Fahrt nach Westen zu In Pegli besuchte ich die Gärten des Markgrafen Pallavicini, the great attraction – mit ihren künstlichen Grotten, Tempeln Ruinen, aber auch mit ihrem herrlichen Pflanzenwuchse, zu dem alle Zonen der Erde beigetragen haben. Die Ceder des Libanon steht neben dem australischen Eucalyptus oder einem amerikanischen Tropengewächse. Am Nachmittag fuhr ich hinaus zum Friedhof, dem Campo Santo.

[146] Wohl Verballhornung von *Pferdebahn* oder von ital. *ferrovia*, Eisenbahn.

Oh Triumpf der menschlichen Eitelkeit, hier hat sie den Tod besiegt, durch endlose Hallen wandelst Du, die zu beiden Seiten nichts als Denkmäler enthalten. Hier wurden der Nachwelt die Züge der allerunbedeutendsten Menschen aufbewahrt, sobald sie nur Geld genug haben, den Bildhauer zu bezahlen. Hunderte solcher Denkmäler stehen hier, der Entschlafene in Porträt, oder ganzer Figur, häufig die trauernden Hinterbliebenen naturgetreu daneben stehend. Was bei uns nur wenigen Sterblichen und nur durch eine Art Volksabstimmung zu Theil wird, nach dem Tode ein Denkmal zu erhalten, daß wird hier jedem genueser Advokaten oder Kaufmann zu Theil.

Verführend wirkt der Gedanke, daß die Bildhauer von diesem Zweige menschlicher Eitelkeit profitieren und viel zu thun haben. Manche Grabdenkmäler sind sehr schön. Großartig wirkt eines, ein schweres geschlossenes Thor, vor dem ein in schneeweißem Marmor ausgeführter Engel sich an die Stufen anlehnt. Die wundervollen Formen des Engels sind zwar nicht ganz christlich gedacht, über dem ganzen liegt aber ein seltsames Gemisch von Schwermut und sinniger Heiterkeit, von Majestät des Todes und Lieblichkeit des Lebens, daß ich mich lange nicht davon los reißen konnte.

Am Abend besuchte ich die Oldenburg, die mittlerweile angekommen war, ein mächtiges, schön eingerichtetes Schiff, und ging dann ins Theater, wo eine blödsinnige Operette gegeben ward. Die Hauptsache waren die ausgestopften Trikots, Pfui deibel! Zum letzen Male trank ich einen kräftigen Rotwein Chianti und legte mich dann aufs Ohr, um heute Morgen frisch und munter zu erwachen, und Dir, am Kaffeetisch diese Zeilen zu schreiben. Am Nachmittag um 3 Uhr lichten wir den Anker.

Es giebt Dir in Gedanken 1000 Küsse

Dein Willy

„D. Oldenburg" 24. Oct. 93

Liebe Grete!

Soeben haben wir die Höhe von Rom passirt und werden in wenigen Stunden Neapel anlaufen, wo ich Briefe anzutreffen hoffe. Gestern Mittag begab ich mich an Bord unseres Schiffes, welches um 3 Uhr den Hafen von Genua unter den Klängen unserer Musikkapelle verließ. Die „Oldenburg" ist ein recht behagliches Schiff von ganz bedeutenden Dimensionen. Es sind nicht gar zu viele Kabinen da, so daß die Anzahl der Passagiere eine beschränkte ist. Das erhöht natürlich die Behaglichkeit. Ich theile meinen Raum mit nur noch einem Herrn, einem Kaufmann aus Bangkok. Mit den anderen Passagieren bin ich bereits auf gutem Fuße, wir sind etwa 30, zum größeren Theil Herren.

Mit der Verpflegung können wir sehr zufrieden sein. Um 6 Uhr stand ich heute auf, nahm ein erquickendes Bad (Meerwasser) dann trank ich eine Tasse Kaffee und setzte mich hierauf an den Frühstückstisch, wo man etwa 10–15 verschiedene kalte und warme Speisen haben kann. Um 11 Uhr wurde Bouillon mit Kaviarbrötchen servirt, um 1 Uhr gibt es einen Lunch mit 3 warmen Gängen; um

4 Uhr Thee am Abend zwischen 6–7 großes Dinner mit Tafelmusik und dann nochmals Thee.

Die Getränke sind ausgezeichnet und billig, ich nahm des Tages über eine Flasche leichten Moselweines mit Mineralwasser zu mir, gestern Abend habe ich noch einmal Bier getrunken, was ich mir aber peu à peu abgewöhnen werde.

Das Wetter ist herrlich, in sonnigem Glanze liegt die Küste Italiens zu unserer Seite, die Bewegung des Schiffes ist nicht zu spüren, so stetig durchschneidet es die dunkelblauen Wogen; Delphine umschwärmen uns, und Möven gaukeln um uns herum. Der Gemüthszustand ist ein vortrefflicher!

Leider ist das Fernglas, welches ich von Gehrike gekauft habe nicht zu brauchen, ich schicke es von Neapel an Dich zurück, und bitte Dich zu Gehrike zu gehen, es ihm gegen meine 40 Mark wieder zu geben u. ihm zu sagen, daß das Glas einen Fehler in der Konstruction hat, der es für meine Zwecke durchaus unbrauchbar macht. Er muß es zurücknehmen, da ich es auch gar nicht gebraucht habe. Die 40 Mark kannst Du zum Uebrigen auf die sog. hohe Kante legen.

Von Neapel aus werde ich Dir nochmals schreiben und Deinen Brief beantworten. Dann wirst Du freilich längere Zeit nichts mehr von mir hören, da es unsicher ist, ob wir in Port Said an Land können, der Quarantäne wegen. Ob wir in Aden halten ist auch unsicher, da wir dort keine Kisten einnehmen, also warte nicht vergeblich auf Nachrichten! Nun adieu! Morgen schreibe ich nochmals

herzlichste Grüße an alle

Dein Bill.

„Oldenburg den 26. Oct.93

Liebe Grete!

Leider fand ich keine Zeit mehr Dir von Neapel eine 2te Nachricht zukommen zu lassen, den Operngucker habe ich aber von der zoolog. Station aus absenden lassen. Trage ihn bitte sofort zu Gehrike hin, u sage ihm ich wollte für die 40 Mark nach meiner Rückkunft etwas anderes bei ihm kaufen. Ich habe mir [hier] in Neapel ein anderes, sehr gutes Glas für den billigen Preis von 20 -unl.- gekauft.

Der Aufenthalt in Neapel war prächtig, gegen Abend fuhren wir in den Golf ein, dessen Ufer vor allem der dampfende Vesuv in durchsichtigen Farben erstrahlten. Kaum lagen wir vor Anker so erschien auch schon ein Boot mit Libianir dem Conservator der zool. Station u. außerdem Schäppi.

Am Abend war ich dann noch ein paar Stunden an Land, und traf dort eine ganze Anzahl Fachgenossen Am anderen Morgen besuchte ich die Station die sich mächtig vergrößert hat, speiste [ich] /in/ der alten, [mir wohlbekannten trattoria „alle Sirene"] mir wohlbekannten Trattori „alle Sirene" die köstlichen Maccaroni „con pomodoro" und dann unternahmen wir am Nachmittag einen Ausflug nach Bajae. Strahlendes warmes Wetter, Gondeln, Mandolinen, Austern aus dem See Fusaro und Capriwein, endlich rührender Abschied und an Bord zurück!

Dort feierten wir noch kräftig unseres Capitäns 50 Geburtstag, lichteten die Anker und fuhren in die laue Nacht hinaus, Capri's Felsenmauern, welche im Mondschein vor uns auftauchten weckten in mir die süßesten Erinnerungen, die ich meinen lauschenden Reisegefährten in begeisterten Ausdrücken schilderte.

In meiner reinlichen Kajüte die ich jetzt ganz allein bewohne – mein kranker Kabinengenosse hat eine eigene Kabine erhalten – und befindet sich auf dem Wege zur Besserung – schlief ich den schönen traumlosen Schlaf der Gerechten und [la] als ich am anderen Morgen auf Deck kam schwammen wir an dem Inselvulkan Stromboli vorbei, waren mittags an der Meerenge von Messina, und Skylla und Charybdis verachtend, welche wohl armseligen griechischen Schiffern nicht aber unserem Dampfercoloß gefährlich werden können, ging die Fahrt nach Südosten weiter. Vom Stiefel Italiens sahen wir bald nur noch die große Zehe, und auch der Aetna steckte {n}ur[147] noch seine äußerste Spitze aus den Wolken empor, die ihn wie ein Mantel einhüllten.

Leise Dünung kündigte die offene See an, {ab}er die Schwankungen sind so unbedeutend, daß niemand krank ist und der Appetit sich bei allen durchaus auf der Höhe befindet.

den 27 October

In meiner Koje liegend schreibe ich mein Tagebuch weiter. Heute früh war der Himmel etwas bedeckt, klarte aber im Laufe des Tages auf. Die Temperatur war sehr frisch zu nennen, das Leben nimmt seinen regelmäßigen Gang. Die reichlichen Mahlzeiten werden unterbrochen von lesen oder spielen. Besonders eifrig wird ein Gesellschaftsspiel geübt,

---

[147] Der Brief ist auf einem Block geschrieben. Das Blatt wurde an der perforierten Seite abgerissen, sodass der Buchstabe „n" möglicherweise abgerissen ist; s. drei Zeilen danach die Buchstaben „ab".

wobei mit schaufelartigen Stäben Holzscheiben auf Deck geschoben werden, die in gewisse mit Kreide gezogene Quadrate einzuwerfen sind.

den 28. Oct.

Köstlich ist das morgendliche Bad, dem eine Morgenpromenade folgt. Meine Reisegesellschaft ist sehr nett, wenige Familien aus Hongkong, Shanghai etc. sowie wenige jüngere Kaufleute oder Tabakspflanzer.

Um 11 Uhr ist Frühkonzert unserer 9 Mann starken Kapelle, dann ein Frühschoppen (Faßbier) und später der Lunch. Aehnlich vergeht der Nachmittag. Gestern Nacht passirten wir Creta, dessen Leuchtfeuer auf 30 Meilen zu uns herüber strahlten. Lebende Wesen sieht man nicht viel, die Delphinschaaren, welche uns auf der Fahrt bis Neapel begleitet hatten, sind verschwunden, und es finden sich auch keine Vögel auf hoher See vor, mit Ausnahme eines müden Falken, der gestern unser Schiff auf einige Zeit begleitete.

Morgen Mittag hoffen wir in Port Said einzutreffen, wo wir 2 Stunden an Land bleiben werden. Du wirst also diesen Brief von Port Said aus erhalten.

Malayisch treibe ich jetzt etwas mit einem sumatranischen Pflanzer, es sind auch ein paar recht nette junge Malayinnen in der 2ten Kajüte, ich will mich aber als alter Knabe[148] keinen Mißdeutungen aussetzen.

Das Wetter ist fortgesetzt günstig, klarer Himmel, ruhiges Meer; die Temperatur steigt schon gehörig.

[148] Kükenthal ist 32 Jahre alt.

d. 29. Oct.

Nichts Neues zu melden. Die Temperatur springt sehr stark, es werden leichte Kleider hervorgesucht. In 1 Stunde wird die Post geschlossen, in 3 Stunden sind wir in Port Said. Also lebe wohl, bald erhältst Du weitere Nachricht von Aden aus. Viele Grüße an alle

Dein getreuer Willy.

Gib Lotte[149] und Edith[150] einen Kuß!

Postkarte aus Port Said, {29.10.1893}

Frau Professor M. Kükenthal Jena Carl-Alexanderplatz 2 Deutschland Sachsen-Weimar

Glücklich angekommen.

Schönsten Gruß

Willy

30. Oct. 93

Liebe Grete!

Gestern Mittag erreichten wir glücklich Port Said, von wo ich eine Postkarte an Dich absandte: Mir war vorher von

[149] Tochter Charlotte, geb. 15.5.1891.
[150] Tochter Edith, geb. 29.4.1893.

verschiedenen erfahrenen Reisenden gesagt worden, daß nichts besonderes zu sehen sei, wer aber wie ich zum ersten Male den Orient sieht, wird doch aufs höchste überrascht sein. Schon als unser Schiff in den Hafen einlief gab es eine Lärm. Boote mit braunen beturbanten Männern umschwärmten uns. Im schmutzigen Hafenwasser tummelten sich Jungens, die nach Geldstücken tauchten, welche man herab warf u. sie regelmäßig auf fingen. An Land blieben wir 3 Stunden. Port Said ist für den Fremdenverkehr zugeschnitten u wimmelt von zweifelhaften Elementen, die Schurken aller Mittelmeerländer geben sich hier Rendevouz u obgleich der verflossene Khedive[151] einmal eine Radikalkur angewandt hat, 800 Kerle aufgegriffen in ein altes Schiff gesteckt u dann ersäuft hat, sind noch eine Masse dieses Gesindels da, denen eine gleiche Behandlung nur zu wünschen wäre. Ich trennte mich sehr bald von der großen Gesellschaft unserer vereint ans Land gegangenen Passagiere u begab mich allein weit weg von der Stadt in das alte Araberviertel, wo ich höchst interessante Bilder aus dem Volksleben sah. Alles das ist ja tausendfach schon geschildert worden, hundert Mal hat man es gelesen u. doch packt einen der Orient mächtig. Die braunen und schwarzen malerischen Gestalten die grelle Beleuchtung, fremdartige Laute die ans Ohr schlagen, alles giebt eine ganz andere Vorstellung als die bloße Lektüre. Fortsetzung in nächster Nummer, da eben Postfluß.

(Anbei Briefmarken)

---

[151] Khedive: Titel des Vizekönigs.

Fortsetzung 30. Oct. 93

Massen halbnackter brauner Fellachen in allen Altersstufen vom weißbärtigen Greise bis zum nur mit kurzem Hemdchen bekleideten 2jährigen Jungen – alle mit dem gleichen verschlagenen Ausdruck ihrer Gesichtszüge – bevölkern die staubigen Gassen in malerische weite Gewänder gehüllt durchschreiten würdevolle Muselmänner den Hafen, Frauen dicht verschleiert, meist mit einer schwarzen Gesichtsmaske versehen, die über dem Nasenrücken durch eine starke[s] vergoldetes am Kopf [gehalten] befestigte Spange gehalten wird, so daß nur die schwarzen tiefliegenden Augen sichtbar werden, sind vereinzelt sichtbar. Schauderhaft sehen die kleinen Kinder aus, die entzündeten Augen dick mit Fliegen besetzt; häufig genug sieht man Gesichter, deren eines Auge erloschen ist. Hier in diesem Winkel konnte ich ungestört wandern und schauen, kaum war ich aber in den [zum] dem Hafen nahe liegenden Stadttheil zurückgekehrt, als auch schon die Belästigungen wieder anfingen, die Ladeninhaber stürzten überall heraus, wie Spinnen auf eine fette Fliege, Dragomans[152] boten sich in zudringlicher Weise an, und ich konnte mich in Geduld, die mir später noch oft nöthig sein wird, üben.

Um 5 Uhr fuhren wir von Port Said ab in den Suez Kanal hinein, an einem Lloyddampfer „der „Karlsruhe vorbei; die ein Ablösungscommando von 400 deutschen Marineleuten nach der Heimath brachte. Es war für mein getreuliches Herz ein erfreulicher Anblick alle diese strammen schön[en]

[152] Dragoman: Übersetzer, Dolmetscher.

weiß gekleideten Jungen an Bord eines so schönen deutschen Schiffes zu sehen.

Gleich vor den Thoren von Port Said lagerte eine Carawane mit ihren Zelten, dazwischen standen unbeweglich die grotesken Gestalten der Kamele. Sehr bald hörte alles Leben an den Ufern des Canals auf, zu den beiden Seiten der niedrigen Dämme dehnte sich die endlose Wüste aus, in der Ferne tauchten noch kahle Höhenzüge auf, [dann/und/] und führte der Canal an einem einsamen Wärterhause vorbei, dessen Signalstangen anzeigten, ob die Weiterfahrt gestattet oder durch ein entgegenkommendes Schiff verhindert war, in welchem Falle [ganz] in einer Ausweichung gewartet werden musste. Die Fahrt selbst ging sehr langsam von statten, damit die uns begleitende Fluthwelle nicht zu stark anwüchse und die Uferwände beschädige. Schnell sank die Nacht hernieder und wir hätten am Ufer anlegen müssen, wenn wir nicht einen mächtigen Scheinwerferarm am Bug gehabt hätten, der auf weite Entfernungen hin, die durch Bojen fixirte Fahrstraße erleuchtet hätte, dennoch saßen wir zweimal fest kamen aber schnell wieder ab. Ein mächtiger am Horizonte aufflammender Feuerschein erwies sich als vom Monde herrührend, der über der flachen Wüste als [mächtige] grüngelbe Scheibe auftauchte.

30. Oct.

Als ich heute Morgen früh 6 Uhr auf Deck kam, befanden wir uns gerade in einem der Bitterseen, die der Canal durchschneidet, und ein paar Stunden später tauchte auch Suez am Horizonte auf, eine Anzahl [gande] würfeliger Häuser umgeben von etwas frischem Grün. Bald [lage] bogen wir aus dem Canal nach 15stündiger Fahrt heraus und legten uns in der Bai von Suez vor Anker. Tagelang umschwärmten uns Boote mit braunen Kerlen, die allerlei feilboten: Die Farben in der Morgenluft waren von einer entzückenden Frische,

Freitag den 3 Nov.

Niemals hätte ich gedacht, dass das rothe Meer eine solche Ausdehnung hat. Heute fuhren wir von Suez aus nun schon den fünften Tag bei voller Geschwindigkeit von 13 Meilen. Als wir gegen Mittag Suez verließen genossen wir den Anblick der malerischen Ufer des Busens von Suez lange Zeit. Außerordentlich schön war die Abendbeleuchtung. Am nächsten Morgen waren wir wieder auf hoher See, und zugleich stieg die Temperatur. Obgleich sie nicht sehr hoch war, Tag u Nacht 30 °C. oder etwas darüber, empfanden wir die Hitze doch, da jeder frische Luftzug fehlte. Die weißen Gewänder wurden hervorgeholt, bei Tisch die Pankahs in Bewegung gesetzt. Das sind Riesenfächer die über jedem Tisch des Speisesalons schweben und von draußen stehenden Chinesen in stundenlanger Bewegung gehalten werden.

Die Hitze ertrage ich ganz gut, nur schläft es sich nicht besonders. Man liegt zwar ohne jedes Kleidungsstück in der Koje, ist aber doch fortwährend in Schweiß gebadet. Das gute Wetter änderte sich gestern insofern als mächtiger Seegang aufkam, der viele Passagiere von den Tafelfreuden ausschloß. Heute Nacht wurde es sehr stürmisch, gerade als wir uns in engem mit Korallenriffen dicht besetztem Fahrwasser befanden, doch ging alles gut. Mir macht das Rollen des Schiffes nichts, höchstens mehr Appetit. Heute Morgen befinden wir uns am südl. Ausgange des rothen Meeres, u nähern uns der Straße Bab el Mandeb. In der Nacht sind wir in Aden, wo wir 2 Stunden bleiben. Einkaufen kann ich also hier leider nichts.

Und nun zu Euch Ihr Lieben in Jena! Hoffentlich seid Ihr alle wohl und munter, ich denke oft zurück an das was ich verlassen habe u freue mich schon darauf wenn ich das rothe Meer zum zweiten Male – auf meiner Rückreise passire. Schreibe mir nur ausführlich und oft lieber Schatz, ich sehne mich nach Nachrichten von Euch.

Grüße an alle von Deinem Dich innig

liebenden Willy

Den nächsten Brief erhältst Du aus Ceylon. Anbei eine Speisekarte, damit Du siehst, daß wir nicht dem Verhungern ausgesetzt sind. Anbei eine siamesische Briefmarke.

„D Oldenburg" 6 Nov. 93

Liebe Grete!

Meine letzte Nachricht aus Aden wirst Du hoffentlich erhalten haben. Nach langer Fahrt im rothen Meere treten endlich die felsigen Küsten Asiens u Afrikas wieder näher zusammen, die Straße Bab el Mandeb bildend. Die Ufer waren weites vulkanisches Gestein. Nur einige Wachthäuser [standen] verleihen der schrecklichen verbrannten Einöde ein etwas tröstlicheres Aussehen. Nachts um 2 Uhr kamen wir in Aden an und verblieben bis gegen 8 Uhr morgens. Da wir weit draußen im Hafen ankerten konnten wir nicht an Land gehen. Von Aden selbst sahen wir einige langgestreckte Gebäude, wahrscheinlich militärischen Zwecken dienend, sowie ein Paar elende Hütten. Die Umgebung Adens ist entsetzlich wild u öde. Wohin man blickt überall tritt nur das braune vulkanische Gestein entgegen. An Bord kamen eine größere Anzahl Mekkapilger, meist Araber die nach dem Osten gehen, um dort als Hadjis den Islam weiter zu verbreiten. Sie leben ausschließlich auf Deck u bieten willkommenen Stoff zur Unterhaltung.

In letzter Stunde hatte sich noch ein Somalijunge eingeschlichen, da dieser blinde Passagier als einziges Besitzthum nur ein schmales Lendentuch aufzuweisen hatte, so sollte er erst über Bord geworfen werden, das Mitleid siegte aber u. er blieb.

Große Heiterkeit erregte eine Bande von derartigen Somalijungen, die sich als Taucher produzirten u jede Goldmünze mit unfehlbarer Sicherheit erreichten. Fortwährend schreien sie uns in gebrochenem Englisch mit liebenswürdigem Grinsen zu „Sir, ever dive“ etc. Kaum waren sie nach langem Tauchen wieder an der Oberfläche erschienen so fangen sie sofort unter Prusten ihr Geschrei wieder an. Dabei herrschte starke Concurrenz. Einer saß in einem ganz kleinen Boote das er mit größter Geschicklichkeit ruderte. Ein anderer setzte sich hinein als der Eigenthümer gerade einer Münze nachtauchte. Sobald der emportauchende das bemerkte war er im nächsten Augenblicke unter seinem Boote u stülpte es sammt Insassen um u als der Usurpator wieder auf der Bildfläche erschien lauerte ihm schon der andere mit dem Ruder auf, und schlug ihn auf den Schädel,

d. h. er traf nur das Wasser, da das Opfer mit affenartiger Geschwindigkeit wieder untergetaucht war.

Von Aden ging die Fahrt in den Indischen Ocean hinein. Da gerade jetzt erst der Wechsel der Winde eintritt u der Nordostmonsun einsetzt, so ist das Meer ziemlich unruhig. Die Wärme hat etwas nachgelassen, was wir sehr angenehm empfinden. Es sind durchschnittlich etwa 27 ° Celsius.

Gestern habe ich mit meinen wissenschaftlichen Untersuchungen begonnen u. [vor/an/] einer Schiffspumpe ein Netz angebracht um [dort] Infusorien zu fangen. Es functionirt vollkommen.

d. 10ten Nov.

Absichtlich habe ich meine Aufzeichnungen auf einige Tage unterbrochen, da das Leben an Bord durchaus das gleiche ist. Wir sind jetzt gänzlich auf das Schiff angewiesen. Es ist ein Leben wie in einer kleinen Stadt. Wir haben an Bord alles mögliche. Schlächterei, Bäckerei; Friseurladen, Kneipen.

Eine herrliche Erquickung ist jetzt das Morgenbad. Nachts ist es so heiß daß man in Schweiß gebadet ist. Nach dem Morgenbad wird Scheggesbord gespielt, woran die jungen Damen, eine belgische Komtesse, eine deutsche u 2 Engländerinnen theilnehmen.

Dann geht es an die Arbeit, das Netz wird an der Pumpe befestigt, u dann etwas gelesen. Halb 11 erscheint auf unserem Deck die Musikkapelle zu einem Frühconcert. Sehr vergnüglich sind die großen abendlichen Diners.

Man lebt zwar besonders in Bezug auf Trinken nicht üppig aber doch sehr gut. Wir trinken zu dritt, Capitän, Consul Freudenberg u. ich gemüthlich eine Flasche Sect oder guten Rheinwein. Bier genieße ich fast gar nicht mehr, nur dann u wann Abends ein halbes Fläschchen. In den ersten Tagen war es im Indischen Ocean verhältnismäßig kühl, da eine steife Brise [ge] wehte, [jetz] seit gestern ist es aber enorm heiß geworden u zwar beträgt der Unterschied der Nachttemperatur gegenüber der des Tages weniger als ein Grad. Daß dabei das Insectenleben gedeiht ist klar. In meiner Cabine habe ich mir ein Jagdvergnügen verschafft indem ich die großen Schaben verfolge u schon massenhaft durch wohlgezielte Schläge mit dem Schuh erlegt habe die großen Spinnen dagegen welche die Zimmerdecke bewohnen werden sorgfältig geschont, da sie ihrerseits auf die Vertilgung von Mücken u Fliegen ausgehen. Kleine Ameisen welche in Massen die Cabine bewohnen sind ebenfalls recht lästig. Man gewöhnt sich aber schnell an solche kleinen Uebelstände.

Möglicherweise gehe ich auf der Rückreise noch auf 14 Tage nach Sumatra, da ich eine Einladung von dem Mitpassagier König bekommen habe, der dort Pflanzer ist, u mir versicherte, daß in den seinen Pflanzungen benachbarten Urwäldern massenhaft große Viecher vorkämen.

Gestern Abend passirten wir in ziemlicher Nähe die kleine Koralleninsel Urnitoi u werden morgen früh gegen 9 Uhr in Colombo sein. Ich freue mich schon darauf nach so langer Fahrt wieder einmal an Land gehen zu können.

Oft habe ich daran gedacht, wie es wohl wäre, wenn Du die Reise mit mir gemacht hättest. Ich glaube aber doch, daß trotz allen Comforts die Hitze Dir arg zusetzen würde. Unsere Damen an Bord, die ja fast sämtlich schon draußen gewesen sind sind doch recht angegriffen und matt. Und alles das ist ja nur ein Vorspiel zu dem was ich noch zu erwarten habe. Ich freue mich nur, daß ich dabei frisch u munter bleibe, ich kann wohl sagen, daß ich an Bord der Unermüdlichste bin. Am Tage schlafe ich gar nicht während die anderen fast ununterbrochen in ihren Stühlen liegen und japsen.

Nun lebe wohl, bald erhältst Du weitere Nachricht. Viele Grüße u Küsse

Dein Willy.

Ohne Ort, {11.11.1893}

Liebe Gr.!

Eben bin ich von einer langen Spazierfahrt zurückgekehrt u noch ganz bezaubert von der überwältigenden Schönheit Ceylons. Leider fahren wir morgen früh schon weiter.[153] Du erhältst ausführliche Schilderung aus Singapore. Wahrscheinlich habe ich Gelegenheit Dir noch ein kleines Weihnachtsgeschenk zu senden Du wirst es aber versteuern müssen;

herzliche Grüße an Alle

Dein Willy

[153] W.K. fährt lt. der Übersicht über die Stationen seiner Reise am 12.11.1893 von Ceylon ab.

12 Nov 93

Liebe Grete!

Im Regen kamen wir in Ceylon an, im Regen gingen wir wieder fort, u doch liegt dazwischen eine Zeit, die mir unvergeßlich bleiben wird. Als wir am Morgen des 11 Nov uns der Insel näherten, hörten die Regengüße auf und der Blick umfaßte ungehindert die Küstenlinie. Der erste Anblick ist eine Enttäuschung. Der graue wolkenbedeckte Himmel, das bleigraue Meer und das niedere Land mit seinen schwärzlichen Massen an Wäldern bildet [ke] einen schroffen Gegensatz zu dem Bilde der Phantasie.

Sobald man aber näher kommt, ändert sich alles. [wo] Die Wälder zergliedern sich, und lassen ihre Zusammensetzung aus mächtigen Palmen erkennen. Hoch aus den Wolken tritt ein spitzer Berggipfel in -unl.- Ferne heraus: der Adamspik, u als wir in den Hafen einfuhren bot sich uns der Anblick buntester Tropenpracht.

[Im St] Kaum hatten wir Anker geworfen so wimmelte es schon von [Lei] Eingeborenen an Deck, welche allerlei feilboten, Edelsteine, Kleider etc: Wir entgingen dem Getümmel indem wir uns an Land rudern ließen, bestiegen zu dritt, der deutsche Vicekonsul von Korea, Dr. Auscier, ein Italiener, und ich, einen dieser leichten offenen Wägen, der von einem beturbanten [Sh] Singalesen geführt wurde hinten schwang sich ein kleiner Singalese auf, u fort ging die Fahrt nach Kelani, dem großen Buddahtempel. Unser kleiner Singalese, der sich uns als Mr. Thomas Johnson vorstellte sprach etwas englisch u diente uns als Dolmetsch.

Sehr bald bogen wir aus den breiten Straßen Colombos aus u in die Eingeborenenvorstadt hinein. Zu beiden Seiten der prachtvoll gepflegten Straße standen niedere Hütten, vorn offen, in denen die Familien ihren verschiedenen Beschäftigungen oblagen, da waren Schmiede u Bäcker und Barbiere, hingegen fehlten Schneider u Schuster vollkommen, da die Kleidung der Ceyloneser sehr primitiv ist, u in den meisten Fällen aus einem schmalen Lendentuch besteht. Dieser Kleidermangel ließ die schönen Gestalten nur um so besser hervortreten.

Die Männer sind durchweg schlank, mit breiter Brust und guter Muskulatur. Die Züge sind edel u recht gebildet. Ihr einziger Schmuck ist das prachtvolle Haar, das in der Mitte gescheitelt ist u dann in wallenden Locken nach hinten fällt. Sie müssen zur Pflege ihrer Frisur viele Stunden verwenden, die Frauen sind dagegen viel unansehnlicher. Sobald sie ein gewisses Alter erreicht haben, werden sie gerade zu abschreckend häßlich, dürr u verfallen, während sie als junge Mädchen sich einer stattlichen Korpulenz erfreuen.

Außer den Singalesen finden sich noch eine ganze Masse anderer Stämme vor, die ich aber in der kurzen Zeit nicht alle klassificiren konnte. Auffällig war mir nur eine Sorte Menschen mit krummer Nase u dicken Lippen, die ein stark jüdisches Aussehen hatten.

So lebendig es auf der Dorfstraße war, so herrschte doch verhältnismäßige Stille, die Leute wickeln ihre Geschäfte ruhig ab. Sie scheinen heiterer Gemüthsart zu sein, überall nickten und winkten sie uns freundlich zu, u als wir ihnen den singalesischen Gruß „Eiba, eiba“ zuriefen, waren sie vor Vergnügen ganz außerm Häuschen.

Nur die Musemadaner antworteten uns mit „Salem“ von den Lippen der anderen erscholl fast ununterbrochen ein lachendes „Eiba“. Ueber eine Stunde fuhren wir so die Straßen entlang, bald hörten die Hütten auf und dichte Palmenhaine traten an die Straße heran, dann kamen wir wieder durch ein Dorf, endlich langten wir am Buddah tempel an, wo wir von Priestern u Wächtern empfangen und hineingeleitet wurden. Architectonisch war der Tempel nicht besonders merkwürdig, das Hauptinteresse concentrirte sich auf die colossale liegende Buddahfigur, die hinter Glaswänden abgesichert war. Nach kurzem Verweilen brachen wir wieder auf und fuhren zurück. Auf der Brücke, welche über den stattlichen Fluß Kelani führt, mußten wir halten, da die Pontonbrücke gerade geöffnet war, und fanden uns bald von einer großen Schar von Eingeborenen umgeben, mit denen wir uns bestens unterhielten. Bei aller Liebenswürdigkeit sind die Leute nicht im mindesten sclavisch gesinnt, sie betrachten sich als freie Leute, ebensogut wie die Weißen.

Ohne daß wir die Stadt berührten fuhren wir zu einem anderen Fremdenanziehungspunct dem Mount Lavinia, wo wir ein gutes Hôtel mit ausgezeichnetem tiffin (Gabelfrühstück) fanden. Besonders gefiel mir die Bedienung, für jeden Gast ein Diener, der in weiße, blendende reine Gewänder gehüllt hinter dem Stuhle stand u jeden Wunsch im Voraus errieth. Hier kaufte ich von einem Händler jene goldgestickte Decke, für welche er 90 Mark haben wollte, die ich aber wesentlich billiger erhielt.

An Bord zurückgekehrt kleidete ich mich um und fuhr wieder zum Lande zurück, wo ich eine kleine von einem Schnellläufer gezogene Droschke bestieg u mich zum deutschen Consul Freudenberg fahren ließ, der mich zum Dinner eingeladen hatte. Es war Nacht geworden, prächtige Glühwürmer funkelten aus den Gebüschen oder Baumkronen heraus. Ein tausend stimmiges Concert erschallte, deren Grund ton das Gezirpe der Cicaden bildete, während dann u wann der Baß eines Frosches einfiel. Durch endlose menschenleere Alleen führte mich endlich mein zweibeiniges Roß zur Villa Freudenbergs, wo ich einen sehr heiteren Abend verbrachte.

Früh am nächsten Morgen lichteten wir den Anker u fuhren um die Südspitze Ceylons herum nach Singapore weiter. Den anderen Tag regnete es sehr stark.

14. Nov.

Das Einerlei des Schiffslebens hat wieder begonnen. Der Abgang so mancher Mitpassagiere in Colombo ist doch recht bemerklich, es ist an Bord viel stiller geworden. Ich habe meine Cabine mit einer noch besseren auf dem Promenadendeck gelegenen vertauscht. Seit ein paar Tagen quält mich der „rothe Hund", ein Hautausschlag, den die Hälfte der Mitreisenden gleichzeitig mit mir bekommen hat. Morgen früh werden wir in der Malakkastraße sein

den 16 Nov 93.

Gestern liefen wir in die Malakkastraße ein, zwischen 2 hohen waldbestandenen Inseln hindurch. Das Land war fast unbewehrt, im Inneren leben die kriegerischen Alfchinesen, welche sich von den Holländern bis jetzt nicht haben unterwerfen lassen. Die Temperatur ist eine ganz ansehnliche, Tag u Nacht zwischen 27 u 30 Grad in den Cabinen.

Eine Dame hat den „rothen Hund“ in einer Weise, daß sie ganz verschwollen ist. Mein eigener nimmt langsam ab. Eine schöne Ueberraschung in den Mahlzeiten bieten die herrlichen Früchte, von denen ich besonders Ananas u Bananen liebe. Auch die Mangofrucht ist ganz köstlich. Morgen Mittag werden wir in Singapore sein, von wo Du weitere Nachricht erhältst. Die beigelegten Briefmarken sind fast alle verschieden, Du mußt nach dem schwarzen Aufdruck gehen.

Die Decke von Ceylon sowie ein 2tes Packet, welches Du von Singapore erhältst, kannst Du Dir auf den Weihnachts tisch legen. Hoffentlich wird Dir das letztere Geschenk gefallen.

Wie froh bin ich, daß der langwierigste Theil meiner Fahrt vorüber ist; wenn ich auch kerngesund geblieben bin, guten Appetit und guten Humor habe, so giebt es doch manche Stunden, wo ich an Dich und meine beiden Lieblinge denke u viel darum gäbe, bei Euch zu sein.

Nun grüße alle bestens von mir und behalte lieb

Deinen Willy

Singapore d. 20 Nov. 93

Liebe Frau!

Nun sitze ich schon drei Tage hier in Singapore u die Zeit ist mir so schnell vergangen wie ebenso viele Stunden. Als unser Schiff am Mittag des 17. Nov. in den Hafen einlief und am Pier anlegte, stand ein Herr an der Brücke, der mich alsbald bewillkommnete, Herr Epler aus Coburg, der in seiner Eigenschaft als Consulatssecretär mich abzuholen kam. An das deutsche Consulat hier war nämlich von Seiten der Regierung der Auftrag gekommen, mir zur Seite zu stehen. Nur eine Nacht verbrachte ich im Hôtel, dann packte ich meine Koffer wieder ein u fuhr in Eplers Haus, das er mit noch drei anderen deutschen Herren bewohnt. Wir führen hier das idyllischste Leben, das sich denken läßt. Die Europäer wohnen ziemlich weit weg vom Hafen u zwar steht jedes Haus in einem großen Garten voll der herrlichsten blühenden Bäume wie Palmen. Da[s] das Hauswesen sehr kostspielig ist, so thun sich von Junggesellen 3 od. 4 zusammen miethen ein solches Haus und richten sich darin ein. Im Parterre ist der Speisesaal u einige Schlafzimmer, im ersten Stock eine mächtige [Ver] säulengetragene Veranda, ein gemeinsames großes Zimmer u ebenfalls 3 Schlafzimmer. Das Meublement ist naturgemäß sehr einfach, da die Ameisen alles zerstören, die Wände sind weiß getüncht u entbehren fast jeden Schmuckes. Die zahlreiche Dienerschaft, die sämmtlich Chinesen sind, sorgt für des Leibes Nahrung, sowie das Hauswesen. Sobald man zeitig früh aufgestanden ist u das mächtige mit Moskitonetz bedeckte Bett verlassen hat, begiebt man sich in ein anpaßendes Cabinet, wo in einem mächtigen Thongefäß kühles Wasser steht; das gießt man sich vermittelst eines Schöpfers über den Körper, und hat so ein herrliches erquickendes Bad. Dann kleidet man sich wieder mit dem Nachtzeug (dem Sarong, einem dünnen Kattunrock für Frauenzimmer u einer dünnen Jirtingjacke) an, geht auf die Veranda u trinkt seine Tasse Thee, wozu man eine tüchtige Scheibe Ananas heruntersäbelt. Nach dem sehr substantiellen Frühstück werden die Pferde angespannt u die Herren fahren in ihre Offices von wo sie um 5 Uhr abends zurückkehren um das Dinner zu nehmen.

Während in dem mächtig ausgedehnten Europäerviertel vollkommen friedliche Stille herrscht, geht es in den Quartieren der eigentlichen Stadt lebendiger zu. Das dominirende Element sind die Chinesen, die in ungeheurer Masse die Straße beleben. Ganze Stadttheile werden ausschließlich von ihnen eingenommen. Hin und her kreuzen die kleinen Equipagen in deren Gabeldeichsel ein herkulisch gebauter, fast nacter Kuli eingespannt ist: Auch die Kaufläden sind zum großen Theil chinesisch. Die eingeborenen Malaien treten dagegen ziemlich zurück, man sieht sie meist als Kutscher oder Gärtner. Ganz prachtvolle Gestalten sind die Bengalen, die meist als Erdarbeiter oder Ochsentreiber fungieren. Ihre Schokoladenbraune Hautfarbe, ihre schöne schlanke Figur u das wohlgebildete Gesicht lassen sie als wirklich schöne Menschen erscheinen.

So treibe ich mich nun hier in Singapore herum, meist zu Wagen oder vom Kuli gezogen. Gerne hätte ich Dir Stoff zu einem seidenen Kleide geschenkt, ich muß aber damit warten, da die Saison noch nicht begonnen hat u. nichts besonderes auf Lager ist. Morgen, Dienstag Nachmittag fahre ich weiter nach Batavia u. zwar mit der „Sindoro" einem holländishen Dampfer. In Ternate werde ich vielleicht Ende December ankommen. –

Hier war ich auch bereits im Theater u zwar einem malaischen. Ich habe mich gottvoll amüsiert. Eine lange Breterbude, vollgepropft mit Malayen u Indern; uns werden vor der Bühne Stühle hingestellt. Es war eine große Oper.

Die Darsteller traten, wenn gesungen wurde vor die 4 Lampen auf der Rampe u sangen z. Th nach europäischen Weisen z. B. Marsaillaise, ein endloses Lied, z. B. „mein Herz ist gebrochen" in fortwährender Wiederholung. Bei jedem Abgang von der Bühne legten sie die Hand aufs Herz u verbeugten sich. Die vornehmeren Darsteller trugen blaue Schutzbrillen, da sie diese für ein unentbehrliches Requisit der Europäer halten; auch Damen treten auf, die gar nicht übel waren.

Am Sonntag Morgen unternahm ich mit Epler eine große Wanderung an die Küste hinaus. Wir passirten Malaiendörfer der originellsten Art, kamen dann in einen Cocospalmenhain u erreichten endlich ein kleines Landhaus, was einem bekannten Herrn gehörte. Hier wurden wir aufs beste aufgenommen, nahmen ein erquickendes Seebad u gingen zurück; unterwegs überraschte uns ein Regen, in diesem Augenblicke rief man uns aber schon von einem benachbarten Bungalow aus an, u lud uns ein näher zu treten. Es waren ein paar deutsche Kaufmannsfamilien, die hier wohnten, und bei denen wir eine sehr vergnügte Stunde verlebten. Der Rückweg durch eine chinesische Vorstadt bot viele interessante Bilder. Entsetzlich heiße enge Straßen, unbeschreibliche Gerüche von den auf der Gasse feilgebotenen chinesischen Leckerbissen u dem Schweiße, der sich drängenden Menschen. Weiber sieht man hier [-], wie überhaupt in Singapore sehr wenig. Auf 6 männliche Chinesen kommt erst eine Frau, ähnlich ist das Verhältnis bei den Europäern.

Was die Stellung der Deutschen hier anbetrifft, so ist sie eine gute zu nennen, unsere Landsleute sind durchaus in guter Lebenslage, es giebt einige recht bedeutende deutsche Firmen hier. Das Klima scheint den Europäern ganz gut zu bekommen, die Gesichter sind etwas blaß, aber Fieber ist selten u. dann glaube ich auch bemerkt zu haben, daß man hier nicht Diät genug lebt. Es wird zu gut gegessen u viel zu viel getrunken. Wein, Sect, Bier besonders aber Whiskey-Soda werden in großen Mengen vertilgt.

Die Frauen scheinen das Klima etwas schwerer zu empfinden. Sie sehen alle ungesund aus, die Kinder sind ebenfalls ziemlich blaß u elend. Der Ton welcher in der deutschen Colonie herrscht, ist ein ganz guter, jedenfalls besser wie sein Ruf. Es ist ja ganz natürlich, daß, wenn so viele junge unverheirathete Männer zusammenleben, eine gewisse Rauhheit des Benehmens eintritt. Geld verdienen ist hier die Losung aller, ihre Sehnsucht als reiche Leute nach Hause zurück zu kehren. Das Ansehen richtet sich hier einmal nach dem Reichthum dann aber nach der Anzahl Jahre, die man in den Tropen bereits zugebracht hat.

Ein schöner Zug ist die unbegrenzte Gastfreundschaft; man merkt, daß man den Leuten ein großes Vergnügen macht, wenn man sie annimmt.

Nun lebe wohl; grüße alle vielmals u. denke mitunter an Deinen Dich innig liebenden

Willy

Nächste Nachricht aus Batavia!

An den Rand geschrieben:

Sage doch Stahl, ich hätte Durian gegessen, es wäre aber das scheußlichste an Früchten, was mir noch vorgekommen wäre. Es wird mir schwerfallen mich an den Aasgeruch zu gewöhnen.

Ohne Ort, ohne Datum, {nach d. 20. 11. 93}

Liebe Grete!

Wieder auf dem Schiffe! u zwar zwischen Singapore und Batavia! Ich setze deshalb mein Schiffstagebuch fort.

Von Singapore aus habe ich Dir geschrieben u die Eindrücke kurz geschildert, welche die Metropole des Ostens auf mich gemacht hat. Nur zu schnell verrann die Zeit, und ich beginne erst jetzt, das Gesehene u Erlebte etwas zu überschauen. Wie ich Dir wohl schon mittheilte ist das überwiegende Element in dem Völkergemisch Singapores das Chinesische, Ja, es über wiegt dermaßen, – nicht nur an Zahl sondern auch an Einfluß u Reichthum – das zu befürchten steht die Tage der englischen Oberhoheit werden gezählt sein. Das englische Regiment zeichnet sich durch große Nachgiebigkeit, ja Schwachheit aus, die Folge davon ist ein[e] stärkeres Anschwellen des Selbstbewußtseins der Natives. In einem chinesischen Kaufladen macht man kaum Miene aufzustehen, wenn ein Europäer hineinkommt. Als ich für Dich Seide aussuchte, waren die Leute kaum zu bewegen, Stoffe vorzulegen, „es machte ihnen zu viel Mühe" sagten sie zu meinem Begleiter. Uebrigens fanden sich in diesen Kaufläden herrliche Sachen, ich habe Dir nur als Probe einige Taschen tücher gekauft u Dir zugeschickt (als eingeschriebenen Brief) von denen ich hoffe, daß sie Deinen Beifall finden werden. Bei meiner Rückkehr denke ich noch manches zu erwerben.

Von hohem Interesse war mir eine nächtliche Wanderung durch die Straßen der Chinesen. Erst zur Nachtzeit entfaltet sich für die Chinesen das Leben des Vergnügens. Opium shaps[154] reihen sich dicht aneinander, manche Quartiere sind nicht ungefährlich, in einer Straße, wo Eingeborene aus Borneo wohnen, ließen wir uns von Polizisten begleiten. Auch ein Stückchen Japan lernten wir kennen.

Am Morgen des 21. erhielt ich die Nachricht, daß am Nachmittag mein Dampfer, die „Sinidora" abginge; ich nahm mir ein Billet, gleich bis Ternate, ließ meine Collis[155] an Bord bringen, und begab mich am Nachmittag mit Epler selbst an Bord des weit auf der Rhede liegenden Schiffes. Ein nordd. Lloyddampfer ist freilich comfortabler eingerichtet, doch ist unser kleines Schiff nicht übel, das gestrige Dinner war recht gut.

Bevor wir die Bai von Singapore verließen nahmen wir noch eine große Ladung Pulver ein; in der Nacht fuhren wir an dem französischen Postdampfer von Batavia nach Singapore vorbei, der auf den Felsen sitzt u. rettungslos verloren ist. Die Passagiere sind schon von Singapore aus abgeholt worden.

An Bord sind wir in erster Klasse nur 2 Passagiere, eine deutsche Dame, stark in den 29ern, die nach Sumatra geht u. ich. Auf dem Vorderdeck liegen eine Masse Chinesen. Das Wetter ist prächtig, gestern Abend war es hier schön kühl, u. auch heute ist es gar nicht heiß. Vielleicht habe ich mich auch schon an das Klima gewöhnt. Jedenfalls bin ich

[154] Gefäße zur Aufbewahrung von Opium, vermutlich im übertragenen Sinne für Opiumhöhlen.
[155] Stückgut im Transportwesen.

durchaus wohl auf, braungebrannt mit starkem Appetit, u gutem Humor

den 23 Nov.

Nachdem wir gestern Morgen den Aequator passiert haben u. durch die Bankastraße[156] gefahren waren, wobei die Küste mehrmals ganz nahe kam erquickte uns in der Nacht ein starker Tropenregen, der die unvermeidliche Moskitoplage etwas herabminderte. Als ich schlafen ging, hätte ich beinah aus Versehen einen großen Tausendfuß gepackt, der mit unheimlicher Geschwindigkeit in die Betten verschwand. Wir haben an Bord viel Vieh u das dazu gehörige Grünfutter, von letzterem werden die Thiere kommen auch der Ingenieur 1 hatte einen in seiner Cabine, Alles Suchen nach der so gefährlichen Bestie war vergeblich, trotzdem ich mit meinem „jonges" alles umwendete, u es blieb mir nichts anderes übrig als in eine andere Cabine umzusiedeln. Der Biß eines solchen Scolopenders ist das scheußlichste was man sich denken kann.

Da wir eine gute Fahrt machen so werden wir wohl schon heute Nacht in Batavia eintreffen. 14 Tage bleibe ich auf Java, dann geht's nach Ternate weiter. Hoffentlich erhalte ich in Batavia gute Nachrichten von Dir u den Kindern. Die beifolgende kleine Markencollection ist selten, sollten etwa Marken in der feuchten Luft aneinander geklebt sein so thue sie auf ein paar Minuten ins Wasser. Ich werde diesen Brief gleich nach meiner Ankunft in Batavia absenden. Bald erhältst Du weitere Nachricht von mir.

---

[156] Die Bangkastraße trennt die Bangkainsel von der Ostküste Sumatras.

Die herzlichsten Grüße und ein frohes Weihnachtsfest Euch allen wünschend

Dein getreuer Bill

Soeben glücklich in Batavia angekommen. Bereits Besuch gemacht beim Generalconsul. Morgen weiter nach Buitenzorg.

Buitenzorg d. 27 Nov 93.

Liebe Grete!

da Morgen die Post geht will ich Dir schnell noch Nachricht zukommen lassen. Von Batavia aus habe ich Dir zuletzt geschrieben, es herrschte eine Glühhitze, auch die Nacht war furchtbar heiß. Ich brach deshalb schon am anderen Morgen auf u fuhr mit Bahn nach Buitenzorg. Hier ist es unbeschreiblich schön, es herrscht eine milde Temperatur von Mittags circa 30 ° Cls. Nachts kühlt es sehr ab. Bis 7 Uhr ist Sonnenschein, dann kommen starke Regen, die bei uns als Wolkenbrüche in den Zeitungen stehen würden, hierauf wird es wieder schön. Mein Gesundheitszustand ist vortrefflich, ich schlafe gut, habe guten Appetit, u kann arbeiten. Wir sind hier eine ganze Anzahl deutscher Gelehrten. Von Zoologen ist Prof. v Graff[157] aus Graz hier, mit dem ich mich schnell angefreundet habe. Morgen habe ich Audienz beim Generalgouverneur, übermorgen geht es zu einer 6–

[157] Ludwig Graff de Pancsova (1851–1924) Zoologe an der Universität Graz, unternimmt 1893/94 eine Forschungsreise nach Ceylon und Java; Hauptforschungsgebiet: Turbellarien (Strudelwürmer); s. NDB, Bd. 6 (1964) S. 733–734.

7 täg. Excursion ins Innere zus. mit v. Graff. Am 10. Dec. geht unser Dampfer von Batavia wieder ab, ich werde Dir dann nochmals ausführlicher schreiben.

Herzliche Grüße

Dein Willy.

Quer am linken Rand:

Berühre nicht die Antwortseite;[158] sie ist für die Sammlung

Buitenzorg, Sonntag den 3. December 1893

Liebe Grete!

Gestern Abend bin ich mit Prof. von Graff von einem größeren Ausfluge ins Innere von Java zurückgekehrt. Buitenzorg mit seinem vielen Regen wurde etwas langweilig, und nur weil ich am Dienstag bei seiner Excellenz, dem Gen. Gouv. Audienz hatte, blieb ich so lange hier.

Die Audienz fand in feierlicher Weise im Schlosse statt, der General gouverneuer war sehr liebenswürdig und versprach mir nach Ternate Empfehlungsschreiben mitzugeben.

Am anderen Morgen begaben wir uns zur Bahn. Nicht weniger als 10 Stunden hatten wir zu fahren, dennoch wurde mir die Bahnfahrt auch nicht einen Augenblick langweilig. Wir fuhren zweiter Klasse, die in jeder Hinsicht

[158] Es handelt sich um eine Postkarte.

angenehmer ist als erste, obgleich der Europäer eigentlich nur letztere benützen darf. Unsere Mitreisenden waren ein paar Europäer, ein paar halfkast[159] u Chinesen. Letztere sind nur an ihrem Zopfe als solche zu erkennen, die Gesichter sind durchaus malayisch. Ein solches Ehepaar, feine Leute, fuhr mit uns. Die Frau war in weiße Seidenstoffe gehüllt, sah ganz nett aus, hatte aber ein scheußliches Maul voller schwarzer Zähne, der Grund lag auf der Hand, in einem hübschen Kästchen hatte sie alles zum Betelkauen nöthige bei sich. Ich sah der Manipulation zu. Es wurden ein paar frische Baumblätter genommen, auf das obere eine weißliche Schmiere – anscheinend Kalk – gestrichen dann ein paar Stückchen Betelnuß hineingelegt, das ganze mehrfach zusammengefaltet u in den Mund gesteckt. Auch rauchen sah ich die hiesigen Weiber u. zwar dieselben langen dünnen Cigaretten wie die Männer.

Die überaus reizvolle Landschaft, welche wir durchflogen, war sehr wechselnd. Bald begrenzten Anpflanzungen Kaffee, Vanille, Zuckerrohr etc. den Blick, bald wurde er freier u schweifte über grüne Matten zu den Hügeln hin, die durch sehr blaue Berge überragt wurden. Was an der Landschaft sofort auffällt, das ist die Bewaldung der Berge bis zu ihrem Gipfel. Selbst steile Wände, die bei uns vollkommen kahl sein würden, sind hier urwaldbestanden. Alle Anpflanzungen und Plantagen treten zurück, wenn das Thal sich weitet, dann kommt der Reis zur Herrschaft. Der Boden ist, soweit das Auge reicht, terrassiert, ein jedes Feld vom anderen tiefer liegenden durch einen Damm getrennt. Ueberall steht Wasser, u rieselt die Stufen herab. Die kleinen

159 Engl. half-caste: Mischling.

grünen Reispflanzen verleihen den Wasserläufen einen guten grünen Schimmer, der nach dem Horizonte zu immer intensiver wurde. Welche unendliche Mühe muß sich doch der javanische Bauer mit seinem Reisbau geben. Du siehst wie die Leute in den vorzubereitenden Feldern stehen, bis über die Kniee im Schlamm u mit schweren Hacken den Boden bereiten. Von weitem sehen die Männer, die über meterbreite korbgeflochtene Hüte tragen, aus wie ungeheure Pilze. Auch die Weiber sind fleißig bei der Arbeit. Ihre Kleidung ist der Sarong um die Hüften und eine kleinere Jacke, die aber auch fehlen kann. Die Männer tragen nur ein paar ganz kurze Hosen. So arbeiten sie im glühendsten Sonnenbrande unverdrossen.

Nachdem wir um 1 Uhr in einem Bahnhofsgebäude eine gute Reistafel gehabt hatten – Reistafel heißt das Mittagbrot, das theils aus Reis besteht, wozu 10–20 Schüsseln, Fisch Fleisch, Krebse, Gemüse etc. alles in schwerer Sauce, gegeben werden – ging der Zug weiter durch die allmählig gebirgiger werdende Landschaft, die auf Grund ihrer vulkanischen Natur ganz groteske Formen gewinnt, wie man sie etwa auf javanischen Bildern sieht. Am Nachmittag tauchte am Horizont eine schwarze Wolkenbank auf, und kurz darauf grollte der Donner, rauschte der Regen, doch ging es bald vorüber u. die dahin ziehenden Wolken mit ihren wechselnden Schatten verliehen der Landschaft einen neuen Reiz. Abends 6 Uhr kamen wir an dem Endziel unserer Reise wie dem Ende der Bahn überhaupt an, einem Orte, Namens Garved[160] in der Residentschaft Preanger[161], u. be-

[160] Stielers Handatlas 1905, Blatt 67, Karte m: Garviet.
[161] Preanger: in Westjava.

gaben uns in das Gasthaus des Ortes, wo wir sehr gut, – viel besser als in Buitenzorg – aufgehoben waren die Luft war wundervoll [k]erquickend, die Nacht sogar kühl. Am Abend spazierten wir noch etwas durch die Gassen u. hatten dabei Gelegenheit, einen Gamelang[162] aufführen zu sehen. Auf dem Boden der Veranda eines Europäerhauses hockten die Musiker, die mit Trommel, Flöten u Glöckchen eine nicht üble Musik vollführten, zu der zwei kleine Mädchen von 6–8 Jahren tanzten. Es waren nur langsame Bewegungen, die sie vollführten, aber es lag in ihnen, besonders in den Armbewegungen eine eigenthümliche Grazie.

Am anderen Morgen um ½ 6 Uhr waren wir wieder aus dem Bette, unser mit 3 flinken Rößlein bespannter Wagen wartete auf uns, und wir fuhren die morgenkühle Chaussee heraus zum See Bayendit.[163] In einem von uns passirten Dorfe begann der Markt u von allen Seiten strömten die Bauern herein; auch auf den Feldwegen, in die wir abbogen wimmelte es von Leuten. Ueberall wurden wir aufs Ehrerbietigste begrüßt, schon lange ehe wir herankamen, sank alles in hockende Stellung, die Männer nahmen ihre großen Hüte ab u auf den Gesichtern der Weiber u Kinder malte sich eine Mischung von Schreck u. Ehrfurcht. Der Weiße ist hier noch angesehener und gefürchteter Herr, – anders als in Buitenzorg u. besonders Batavia, wo die Hôtelkulis ziemlich unverschämt waren. Ein höchst originelles Boot führte uns über den See zu einer kleinen Insel. Das Boot wurde zusammengefügt aus 3 aus ausgehöhlten Baumstämmen bestehenden Canoes, auf welche eine Art Bambuslaube mit

[162] Gamelang: traditionelles Musikensemble.
[163] Stielers Handatlas 1905, Blatt 67, Karte m, verzeichnet den See, nicht aber dessen Namen.

2 Lehnstühlen gesetzt wurde. Vier Männer, Sundanesen[164], die kein Wort Malayisch verstanden, hockten auf dem äußersten Ende des Canoes u trieben das Fahrzeug mit raschen Schlägen vorwärts. Wir landeten auf einer kleinen bergigen Insel, von deren Gipfel sich eine Rundsicht erschloß, etwa wie inmitten eines breiten Alpenthales; nur waren die Bergformen andere, meist waren die Abhänge dicht bewaldet und nur an einzelnen Stellen zogen kahle braune Streifen thalabwärts, Lavaströme, welche die Verwüstung mit sich führten.

Ein unendliches Wohlbehagen überkam uns. Wohl schien die Sonne hell und warm, doch war die Luft so rein und frisch, ganz anders wie sonst in den Tagen, das sie ungeheuer belebend wirkte. Zurück am See fuhren wir mit unserem Dreigespann nach den großen Quellen von Tjipanas.[165] Am Fuße eines Vulkans sprudeln nämlich überall große heilkräftige Quellen heraus, die von den Europäern stark frequentirt werden. Ueberhaupt badet der Javane im Uebermaße; hier in Buitenzorg liegt der Fluß, der zu unseren Füßen sich an die Berglehne, auf der das Hôtel liegt hinschlängelt, stets voller badender Menschen, die holländische Regierung hat in Tjipanes die Sache in die Hand genommen, ein einfaches Gasthaus errichtet, u ein paar Quellen mit Badehäusern umgeben. Doch werden diese nur von Europäern benützt, die Eingeborenen baden im freien in Bassins, die um eine solche Quelle ausgegraben sind. So saß ganz in unserer Nähe eine enorm dicke Chi-

[164] Sundanesen: Ethnie in Westjava.

[165] Tjipanas: Die Heißen Quellen von Cipanas liegen am Fuße des Mt. Gede in der Nähe des Ortes Garut, Westjava.

nesin, die dann in einem geschlossenen 2rädrigen Karren wieder nach Hause gefahren wurde.

Nach Garved zurückgekehrt, genossen wir der Ruhe u verbrachten unsere Zeit bis zum Abend mit Spaziergängen. Die Nacht ist hier großartig. Es entsteht, sobald die Sonne untergegangen ist, ein betäubender Lärm, ein tausendstimmiges Konzert der Lieder; große Leuchtkäfer, die wie ein Leuchtthurm intermittierendes Licht ausstrahlen schweben an den dunklen Zweigen, hier und da streicht ein fliegender Hund vorbei; nach der Lampe auf der Veranda ist ein ununterbrochenes Flattern von Nachtschmetterlingen, Termiten oder Maulwurfsgrillen und die flinken Tokis (Eidechsen) haben viel zu thun, alle die Fülle der Insecten zu vertilgen. Ist so auch das Schlafzimmer der Schauplatz eines reichen Insectenlebens, so ist es doch im Bette selbst meist recht ordentlich. Die Bettstelle ist von Eisen, eine mächtige hohe Matratze, von Leinen überdeckt ist das Lager, zwei Kopfkissen u eine große unter die Knie zu schiebende Rolle sind alles was man braucht; ein dichtes Mosquitonetz überspannt den ganzen mächtigen Bau.

Am anderen Tag war die Ersteigung des Papandajans[166] eines noch thätigen Vulkans von circa 6000 Fuß Höhe geplant. Um ½ 5 Uhr waren wir schon fertig, der junge Tag begann heraufzusteigen, der Sternhimmel mit dem dominirenden südlichen Kreuz, verblaßte, und in der frischen Morgenkühle ging es mit unserem flinken Gespann die Straße entlang. So fuhren wir durch viele Dörfer hindurch überall ehrfurchts voll von den schon thätigen Landleuten be-

[166] Papandajan: Aktiver Schichtvulkan von 2600 m Höhe. Stielers Handatlas 1905, Blatt 67.

grüßt. Nach 2stündiger Fahrt die durchgehends in schlankem Trabe gemacht wurde, waren wir am Fuße des gewaltigen Bergmassivs angelangt. Ein hier residirender Häuptling stellte uns 2 Reitpferde, starke ausdauernde Thiere und nun ging es in den Urwald hinein, den ich zum ersten Male kennen lernen sollte. Erst ritten wir auf einem schmalen Bergpfad steil aufwärts zwischen Anpflanzungen, dann kam der Wald. Ein riesiges Ungeheuer. Undurchdringlich zu beiden Seiten des schmalen Weges. Die Bäume umschlungen und verbunden durch buntblätterige Schlingpflanzen, auf ihren Aesten sitzend [falt S] schmarotzende Orchideen mit seltsamen Blüthen, Winden mit ihren fußgroßen weißen Blüthenkelchen, dann wieder Farrenbäumen von der Höhe einer Palme, mit ihren 12–15 Fuß langen graziösen Wedeln. Der Boden war bedeckt mit Pflanzenresten eingestürzten Bäumen, wuchernden Pflanzen. /Ein paar mal hörten wir Wildschweine in nächster Nähe, bunte große Schmetterlinge umflatterten uns, dann und wann flog ein uns scheuender Vogel vorbei dann theilte[167] sich wohl einmal der Wald, es/ bot sich der Anblick eines schillernden Sees, umstanden von alle den wundersamen Tropenpflanzen.

Unermüdlich trabten unsere Gäule bergauf, oft wurde es so steil, daß ich vom Pferde stieg, weil man sich in dem glatten Sattel kaum halten konnte. Nachdem wir so etwa 2 Stunden geritten waren, wurde der Blick freier, der Wald trat zurück, und nur niederes Buschwerk hatte sich zwischen dem Labyrinth von Lavablöcken angesiedelt. Vor uns tauchte der Krater auf, umstanden von steilen, nacten Felswänden, die von den Ausscheidungen der Dämpfe weiß gefärbt

[167] Transkription nicht sicher: *theile*: t fehlt.

waren. Im Krater selbst war eine Bambushütte errichtet, in der wir unsere Pferde unterbrachten, wir selbst begaben uns an der Hand eines kundigen[168]

An Bord der „Coen", bei Surabaya, 12 Dec. 93

Liebe Grete!

Da ich wieder auf dem Schiffe bin, fahre ich mit diesem Tagebuche fort. Zunächst also die für mich sehr erfreuliche Mittheil. daß ich Deine beiden Briefe am 27/10 u 4/11 richtig erhalten habe. Der letztere kam gerade am Tage vor der Abreise aus Batavia an. So lange Zeit auch zwischen der Absendung der Briefe u ihrem Empfang liegt, so freue ich mich doch sehr nach so langer Zeit etwas u nur Erfreuliches von Euch zu hören. Um Deine Frage im letzten Brief zu beantworten: 1 das Fernglas ist von der zool. Station aus zurückgeschickt, 2) Seekrank bin ich natürlich nicht gewesen, das wäre noch schöner.

Daß Engelhardts Vater gestorben ist thut mir sehr leid, drücke ihm in meinem Namen mein herzliches Beileid aus.

Was meine Erlebnisse anbetrifft, so hatte ich Dir die letzte Nachricht aus Buitenzorg gegeben, ich fahre also in der Chronika fort. Ich glaube ich hatte Dir noch nicht von unserer Tour auf den Salak[169] berichtet, die ich am 4 u 5 Dec. gemeinsam mit Biedermanns Freund Dr. Schiffner[170] aus Prag unternahm. Früh am Morgen brachen wir in 2 Wa-

[168] Weitere Blätter des Briefes fehlen.

[169] Salak: Schichtvulkan auf Java, 2211 m hoch.

[170] Viktor Ferdinand Schiffner (1862–1944) Botaniker aus Prag, unternimmt 1893–1894 eine Forschungsreise nach Java und Sumatra.

gen auf, im ersten wir, im zweiten Baidan, der treffliche Führer, der Stahl[171] gut kennt, u Schiffners Diener. Nach 2stünd. Fahren auf zum Theil sehr schlechten Straß. u über hügeliges Terrain, waren wir am Ende der fahrbaren Straße angekommen, u machten in einem Dorfe halt. Ein Kuli wurde gemiethet, der unser Gepäck an beiden Enden einer Bambusstange festband, und mit frischem Muthe der Marsch angetreten. Ueber hügeliges Terrain, bald tiefe wasserdurchströmte [hügeligen] /Schluchten/ durchquerend, bald wieder bergauf wanderten wir etwa 2 Stunden. Die wissenschaftl Ausbeute war nicht groß, nur ein Scolopender von fast Fußlänge, der über den Weg kroch, wurde erbeutet. In einer kleinen Hütte machten wir Rast. Das Dach war aus Palmblättern, nur an zwei Seiten waren Wände aus Matten Auf einem niedrigen Podium, welches uns die Familie sofort freundlichst einräumte, machten wir [halt] uns bequem. In einem großen Kupferkessel wurde Wasser abgekocht, um brauchbares Trinkwasser zu erhalten, und aus den mitgebrachten Vorräthen eine Mahlzeit gehalten, zum Schluß aß jeder noch eine saftige Ananas, die uns von unserem Hauswirth verehrt wurde. Das Mobiliar der Hütte war sehr einfach, Bett, Stühle, Tisch, Schrank etc, alle diese Auswüchse einer verweichlichenden Civilisation gab es nicht. Matten auf dem Podium u in einem kleinen Verschlage, wo die Familie schlief. Das war alles. Eine halbe Cocosnußschale am Seil befestigt, diente als Wasserschöpfer, das Wasser selbst wurde aufbewahrt in Bambus gliedern, die eine seitliche zu verschließende Oeffnung hatten. Dagegen

[171] Christian Ernst Stahl (1848–1919) Professor für Botanik in Jena und Direktor des Botanischen Gartens, dem W.K. in dem Vorwort zu seinem Reisebericht namentlich für praktische Ratschläge dankt, s. Kükenthal 1896a, Vorwort.

gab es ein paar Steinguttassen u ebensolche Teller, die uns anvertraut wurden. Nach ein paar kürzeren Excursionen in die benachbarten Schluchten kehrten wir stark ermattet von der feuchten Schwüle in unsere Hütte zurück, die wir am Abend verließen um ein etwas tiefer gelegenes Haus aufzusuchen, wo wir besser übernachten konnten. Es lag in einem kleinen Kampong[172] u gehörte dem Ortsschutzm, oder, wenn man will, Häuptling. Letzterer bewillkommnete uns sehr höflich, dergl. die übrige Einwohnerschaft.

Baidan hatte inzwischen ein Huhn erstanden u schnitt ihm unter großen Feierlichkeiten, wie es der Islam verlangt, mit seinem Schwerte den Hals ab. In Reis u Curry gekocht, und zwar waren die Köchinnen ein paar entsetzliche alte Hexen des Dorfes, war es unser Dinner, zu dem es noch Ananas, Bananen u Thee gab. Zum Schluß wurde noch ein Gamalang aus geführt, das gar nicht übel war, dann krochen wir in das Innere der Hütte und streckten uns in unseren Winkeln auf dem mattenbedeckten Boden aus. Ich schlief vortrefflich, bis mich gegen Morgen die Ratten weckten, die über uns wegsprangen.

An diesem Tage sollte der Aufstieg erfolgen, wir brachen deshalb sehr früh auf u marschirten bergan. Bald umfing uns der Urwald, der wirkliche, wilde Urwald, von dem man sich ganz falsche Vorstellungen zu machen pflegt. Der schmale bergauf führende Pfad war häufig vollkommen von wuchernden Schlingpflanzen versperrt, so daß mit dem Kris[173] der Weg gehauen werden mußte, dann sperrten wieder riesige modernde Baumleichen den Weg,

[172] Kampong: mal.: Dorf.
[173] Kris: mal.: Dolch. Es ist eher anzunehmen, dass ein „Waldmesser" eingesetzt wurde, wie Kükenthal es in seinem Brief vom 23.2.1894 beschreibt.

unter oder über denen /weiter/ [der Weg] geklettert wurde. Das Thierleben war fast erstorben, nur selten flatterte ein großer schillernder Schmetterling an einer offenen Stelle, dann und wann ließ sich das Gurren von Tauben oder der scharfe Schrei eines Raubvogels hören, meist aber herrschte tiefes Schweigen. Die Ueppigkeit der Vegetation spottet jeder Beschreibung. Zwischen einzelnen Bäumen von ungeheuren Dimensionen standen dicht neben einander hohe Farrenbäume niedrigere Bäume umstrickt von einem Gewirr von Schlingpflanzen, selthene Schmarotzerpfl. saßen überall auf ihren Wirthen, die Rotang palme breitete ihre stachelbewehrten furchtbaren Fangarme aus, dann und wann streckten seltsame große Blumen [Blüthen], nicht Orchideen ihre Kelche in die Luft; doch war die bunte Farbe selten, sie erstickte in einer Hochfluth von Grün, vom leuchtenden Smaragdgrün bis zum schwärzlichen Waldesdunkel.

Im Anfang hatten wir noch dann und wann Aussicht auf die weite Ebene, [doch] die sich nach Norden zu ausdehnt, über der sich das Meer erhob u den Horizont begrenzte. Die vulkanischen Bergketten von Bantam, dem berüchtigten Tigerdistrikt hoben im Westen ihre stolzen Häupter in die Hitze –

(Forts. auf Rückseite von 45)[174]

Im Osten schimmerten die Gebirge von Preanger Stunde auf Stunde verrann in mühsamem Aufstieg, da Schiffner

[174] Das Briefpapier, von einem perforierten Block gerissen, hat rechts oben die fortlaufenden Nummern 45–50. Ab hier schreibt W.K. mit Bleistift.

mehr sammeln wollte blieb er zurück u ich stieg mit Baidan allein weiter. Endlich aber wurde der Himmel, soweit wir ihn, zwischen dem Laubgewirr sehen konnten, trüb, u wir mußten an den Abstieg denken, ohne den 8000 Fuß hohen Gipfel selbst erklommen zu haben. Kaum waren wir umgekehrt als es zu regnen anfing, erst leise, dann stärker u endlich wolkenbruchartig, der schlüpfrige Pfad wurde fast unpassirbar, so glitten wir aus. [T]Endlich erreichten wir den Waldessaum u machten in einer kleinen Hütte einen Augenblick Rast, die erste seit 7 Stunden, betupften uns mit Tabaksjauche um die Blutegel abzubringen, die sich an uns angesogen hatten, gegen 2 Uhr Nachmittags kamen wir endlich in unserem Hause wieder an, allerdings in erschröcklichem Zustande. Meine weißen Beinkleider waren schwarz geworden u von bleischwere, die nasse Cabaja schlug der Sturm klatschend um den Leib herum u die Tragefalte war voll Wasser gesogen wie ein Schwamm.

Sofortiger Kleiderwechsel –, ich hatte meine schwarzen Wanderkleider mitgenommen, die mir vorzügliche Dienste thaten, eine reichliche Nahrung, zur Abwechslung Reis mit Huhn, und ein warmer Thee brachten uns bald wieder auf das gewünschte Niveau. Nachdem Schiffner noch unter dumpfen Erstaunen der Eingeborenen seine Pflanzen vorgelegt hatte, brachen wir von neuem auf und marschierten zu dem Orte, wo unsere Wägen standen, die Bäche waren zu reißenden Strömen angeschwollen über die kaum Brücken führten, die abschüssigen lehmigen Ufer waren spiegelglatt; wir waren daher froh als wir unsere voraus bestellten Gefährte erreichten doch mußten wir auf der Heimfahrt noch ein paar Mal aussteigen weil wir in dem -unl.-grundtiefen Koth zu versinken drohten. Es war das die anstrengendste

Partie, die ich bis dahin in den Tagen gemacht habe, doch ist sie mir ausgezeichnet bekommen.

Kaum war ich im Hotel angelangt, als auch schon eine Einladung vom Adjutanten seiner Excellenz kam zum Dinner am Donnerstag. Außer mir waren noch Wiesner[175], der Wiener Botaniker, der hallenser Kimu, und v. Graff geladen Nach einem sehr feierlichen Empfang von Seiten der Adjutanten u Vorstellung an die Damen, erschien um 8 Uhr seine Excellenz.

das Souper eher Dinner war ausgezeichnet, großartige Weine, wir an unserer Seite wurden bald sehr fidel, ich saß vis à vis der Gouverneurstochter, einem sehr netten Mädchen, die ich am Abend vorher in der Societet (Gesellschaftshaus) beim Rollschuhfest bewundert hatte (auf dem glatten Marmorboden der Säle wird zu den Klängen der Musik Rollschuh gelaufen) der alte Herr war auch sehr nett, /u/ zog mich öfter in die Unterhaltung. Um ½ 11 Uhr trat er den Rückzug an und wir begaben uns sehr befriedigt nach Hause.

Am anderen Morgen brach ich zusammen mit Dr. Treub[176] nach Batavia auf, [nahm Wohnun] fuhr erst zum Hafen wo ich meine Gepäckangelegenheiten ordnete, mir eine Cabine auf dem „Coen" nahm, dann zum Hôtel. Nachmittags holte ich mir in der Bank 3000 Gulden für Ternate, besuchte den Generalconsul Dr. Gabriel, der mir Briefe gab u mich für den nächsten Abend einlud. Der nächste Tag verging mit allerlei Besuchen, am Abend war ich beim G. Consul, wo es ganz gut zu essen gab, u der nächste Mor-

[175] Julius von Wiesner (1838–1916), Botaniker an der Universität Wien.

[176] Melchior Treub (1851–1910) , niederländischer Botaniker, Direktor des Botanischen Gartens in Buitenzorg.

gen brachte mich per Boten nach dem Hafen, wo unser Schiff lag, eine Stunde darauf fuhren wir ab das Wetter war schön, die See mäßig bewegt. Das Dampfboot ist über füllt, eine schreckliche Masse Kinder, die Mordspektakel machen die Hälfte der Passagiere 1. Klasse ist colorirt, gelb od braun oder schwärzlich. In Semarang[177], wo wir am nächsten Morgen auf Rhede lagen, gingen wir an Land u beschauten uns Stadt u Umgegend. Das Schönste ist doch der Blick von der Rhede. Auf dem wild bestandenen flachen Vorland erhob [te] sich in schönen Linien ein Kranz von 10,000 Fuß hohen Vulkanen. Heute kommen wir nach Surabaya, wo ich den Brief gleich nach unserer Ankunft befördern werde.

Nun lebe wohl, schöne Grüße an alle, Henkel, Engelhardt etc und behalte lieb

Deinen Willy

Banda-Inseln, den 21 Dec. 93

Liebe Grete!

Mein letzter Brief ist in Soerabaya auf die Post gegeben worden, sobald unser Schiff dort angekommen war. Unser Aufenthalt in dieser großen Handelsstadt dauerte zwei und ½ Tag, und war durchaus nicht angenehm zu nennen. Eine glühende Hitze brütete über der in der weiten Niederung gelegenen Empore, deren ungesunde, übelriechende Luft sich schwer athmen ließ. In dem großen Hôtel, wo wir

[177] Semarang: Hafenstadt an der Nordküste von Java.

wohnten, gab es zwar gut zu essen, zu schlafen war aber unmöglich, da die Moskitonetze nicht dicht waren, und man nahezu aufgefressen wurde von Schwärmen dieser blutgierigen Insecten. Ich benützte die beiden Tage zu allerlei Einkäufen, nahm 15 Kisten Spiritus an Bord, und kaufte allerlei Hausgeräth, ein großes Bett mit Wäsche, Stuhl etc. Zu größeren Ausflügen kam ich nicht, gegen Abend gingen wir in ein Gesellschaftshaus, wo ein Whiskey-Soda getrunken wurde. – Mehr u. mehr hat sich mir auf meiner Reise die Ueberzeugung aufgedrängt, daß niederl. Trinken unter dem Zeichen des Alkohols steht, u zwar sind es nicht etwa einzelne Leute, sondern es trinkt so ziemlich ein jeder. Früh beim Aufstehen ein Cognac, im Laufe des heißen Vormittags einige Gläser Whiskey-Soda, dann vor Tisch eine Anzahl bis zu 12 Bitterje (kleine Weingläser des stärksten Schnapses) bei Tisch Rothwein. Dann kommen einige Stunden Schlaf, dann geht's in die Societet, wo wieder starker Alkohol genommen wird, kurz vor Tisch giebts wieder ein allgmeines Zechen des abscheulichen bitterje u dann wird die halbe Nacht durch getrunken, Es wundert mich nur, daß dabei nicht mehr Leute krank werden. Ich selbst trinke nur Rothwein zu Tisch und ein paar Gläser Whiskey-Soda des Abends, und fühle mich äußerst wohl dabei.

An Bord passirte mir das Pech, daß meine Uhr herunterfiel und eine kleine Reparatur nöthig wurde, sie kostete 10 Gulden; in dieser Preislage steht hier alles, Geld wird massenhaft verdient, aber ebenso leichtsinnig wieder ausgegeben.

Die Ueberfahrt nach Macassar auf Celebes ging schnell von statten u. ich fing bald an mich vollständig von Soerabaya zu erholen. In Macassar kamen wir am frühen Morgen an, legten am Ufer an einer Landungsbrücke an, und begaben uns sofort in die Stadt. Mit Hülfe des Hafenmeisters, an den ich empfohlen war, machte ich in einem chinesischen Taka /(Kaufladen/) weitere Einkäufe. Es wurde erst große Weinprobe gehalten, bis ich 2 Kisten (u 48 Flaschen) kaufte, dann kam Apollinariswasser (150 Fl.) ein paar Flaschen Sect für hohen Besuch, u eine Menge Conserven in Blechbüchsen, dergl. Cigarren Teller, Gabeln, Messer etc etc, kurz alles mögliche was man in einem Haushalt braucht. Die Preise waren überraschend niedrig, da Macassar ein Freihafen ist. Den übrigen Tag verbrachten wir mit Ausflügen in die Umgebung.

Ebenso glatt verlief die Reise nach Amboina, wo ich zum ersten Male den Boden der Molukken betrat. Ich hatte nach Allem, was ich gesehen hatte, keine Steigerung mehr erwartet u. doch war das der Fall. Ambon liegt ganz prachtvoll an der Küste einer langgestreckten schmalen Bai, die von Bergzügen umrahmt ist. Ein langer Spaziergang in der Morgenkühle führte mich über den Passar, den Markt, hinweg durch prachtvolle schattige Alleen, auf die Berge hinauf, von wo ich eine herrliche Aussicht genoß. Und doch wird Ambon noch übertrumpft durch die Banda-Inseln, wo wir uns jetzt befinden. Es sind eigentlich nur Theile eines versunkenen Vulkans, welche die Inseln bilden. Im Mittelpunkt steht die mächtige steile Pyramide des eigentlichen Feuerbergs (Ganang api) der in seinem unteren Theile stark bewaldet ist, während oben die Schwefeldämpfe die Vegetation beseitigt haben; im weiten Halbkreis durch schmale Meeresarme getrennt, liegen die Reste eines früheren viel größeren Kraters, u hier hat sich eine Vegetation entwickelt, die ihres gleichen sucht; Vor allem interessirten mich die Muskatnußbäume, die in großer Menge hier wachsen, und deren Früchte wir in den verschiedensten Stadien antrafen. Als in der Frische des Morgens unser Dampfer in den engen Hafen einlief, bemerkten wir ein mächtig langes Kanoe, vorn u hinten [mächtig] /in mehrere Spitzen auslaufend/ hoch aufgebogen, mit Bändern u Fahnen geschmückt, u von einer großen Anzahl Leuten, circa 30 Mann gerudert. Das Rudern geschah unter Trommelschlag in ganz abgemessener Weise, nach jedem Schlage erhoben sich sämmtliche Ruder etwa eine ½ Minute lang gekreuzt in der Luft, um dann ebenso gleichmäßig wieder einzutauchen. Ein merkwürdiger Gesang erscholl dabei; das merkwürdigste waren aber 2 rothgekleidete Männer mit goldenen kronenartigen Kopfbedeckungen, die weiße schmale Tücher in den Händen hielten, und ununterbrochen feierliche Verbeugungen machten. Sie umkreisten unser Schiff mehrere Male. Wir erfuhren später, daß es Leute waren, die ihren Herrn auf unserem Schiffe vermuteten u. ihn auf diese Weise feierlich begrüßen wollten.

Morgen früh werden wir mit Dampfbarkassen nach der andern Insel gehen u. deren höchsten Gipfel besteigen, von wo aus eine großartige Rundsicht sich erschließen soll.

Meine Reisegesellschaft ist sehr klein, aber angenehm, ein Schullehrer mit Familie, der nach Gorontala auf Celebes versetzt ist, ein junger Schiffsarzt der nach Ternate zu einem dort stationirten Kriegsschiff geht, u eine schwarzbraune Dame aus Ternate mit 6 schwarzen kleinen Teufeln von Kindern. Ein prächtiger Mann ist der Kapitän. In wenigen Tagen werde ich das Ziel meiner Reise erreicht haben, u freue mich sehr darauf, endlich zur Arbeit zu kommen. Mein Gepäck hat sich auf 39 Kisten vermehrt!

Bald schreibe ich wieder! Nun lebe wohl, herzliche Grüße an alle.

Dein Willy

Quer an den Rand geschrieben:

Hier ists auch nicht kühl! Heute Morgen waren es gegen 35 °. Für den December eine gute Temperatur! Ich schwitze viel, vertrage eben das Clima ausgezeichnet!

Ambon d. 23 Dec. 93.

Liebe Grete!

Gestern waren wir noch auf den Banda-Inseln, von wo ich Dir zuletzt schrieb, und heute morgen befanden wir uns nach stürmischer Fahrt wieder an der Landungsbrücke von Ambon. Auf Banda unternahmen wir am frühen Morgen einen schönen Ausflug, die Dampfbarcasse des Schiffes wurde in Stand gesetzt u trug uns zu der großen, dem Hafen gegenüberliegenden Insel. Vor einem am Strande gelegenen großen /weitläufigem/ Hause eines Plantagenbesitzers stoppten wir u gingen an Land. Steil erhob sich vor uns der waldbedeckte Abhang des großen [Kra] ehemaligen Kraterrandes, der die Insel repräsentirt. Auf steilen aber bequemen Pfaden ging es bergaufwärts durch die prachtvollste Waldlandschaft. Zwischen den vereinzelten mächtigen hohen Bäumen, Durian, Canarien u vielen andern, erhoben sich kleine zierliche Bäume, etwa von der Größe u dem Habitus kleiner Birnbäume. Auch die rundlichen Früchte, welche in allen Stadien der Reife daran hingen sahen birnenähnlich aus. Die reifsten waren ringsum aufgeplatzt, und ließen inmitten gelblichen Fleisches einen dunkelrothen Kern sehen. Doch auch dieses war noch nicht der eigentliche Kern, sondern nur eine fleischige Hülle, der eigentliche Kern war eine schwarzbraune Nuß = die Muskatnuß; während die rothe Hülle [die] /als/ „Muskatblüthe" in den Handel kommt. Der scheinbar /uncivilisirte/ u [u eigel] Wald entpuppte sich so als eine wohl angelegte Muskatnußplantage, die hohen Bäume dienen nur als Schattenspender.

Um die Nüsse zu ernten werden Schaaren von Leuten ausgesandt, die mit einem eigenthümlichen an langer Bambusstange befindlichen korbartigen Instrument die reifen Früchte abpflücken. Der Werth einer solchen Plantage ist ein ganz bedeutender, die von uns besuchte wird auf 400,000 Gulden geschätzt, während der Vater des jetzigen Besitzers, der uns herumführte, nur 6000 Gulden dafür gezahlt hatte. Einzelne Ausblicke von der Bergeshöhe aus, waren bezaubernd schön. Nirgends fand ich bis jetzt die Tropennatur so großartig u so harmonisch zugleich.

„Schön" ist es sonst in den Tropen nicht! Wir haben in Deutschland viele Gegenden die reizvoller sind, was in den Tropen so anziehend wirkt, ist das fremdartige u die Ueberfülle des organischen Lebens. Was [bei] uns Kraut ist, ist hier ein Baum! Und was für Bäume sieht man hier! Diese alles überwuchernde Vegetation drückt den Tropen, oder wenigstens diesem Theile den characteristischen Stempel auf. – Nach unserer Rückkehr von unserer Bergbesteigung ging ich noch etwas am Meeresstrande spazieren um Muscheln u dergl. zu suchen, dann nahmen wir ein höchst opulentes dejeuner ein u. fuhren an Bord zurück.

Der Commandant des Ortes, der mit von der Partie war, hatte uns eingeladen, das alte Fort, welches die Stadt beherrscht, zu besichtigen u. /wir/ führten das auch am selben Vormittag aus. Es gab wenig merkwürdiges zu sehen; das im 17. Jahrhundert erbaute 5eckige Kastell ist seit 60 Jahren schon von der Garnison verlassen u auch als Gefängnis kann es nicht benutzt werden, seitdem constatirt worden ist, daß die Gefangenen von der furchtbaren Beriberi Krankheit ergriffen wurden.

Meine Hoffnung, ein Erdbeben zu erleben – alle paar Wochen findet eines statt – ging nicht in Erfüllung, dagegen gab es ein starkes Gewitter in diesem fuhren wir aus dem engen Hafen heraus in die offene See. Zeitig am anderen Morgen waren wir wieder in Ambon. Der Dr. van d. Voo u ich nahmen ein Canoe mit 2 Ruderern und ließen uns über die Rhede zur anderen Seite fahren, um die Seegärten zu besichtigen. Ein solcher Canoe besteht aus einem langen ausgehöhlten Baumstamm, über den ein Rahmen von Holz gelegt ist, so daß er nicht umfallen kann[178]:

Der Name „Seegarten" ist sehr glücklich gewählt, das Wasser ist von einer kristallenen Klarheit u läßt den Meeresboden noch in großer Tiefe deutlich erkennen. Läßt man das Boot ruhig liegen u schaut in die Tiefe hinab, so sieht man wie in einen Garten voll der seltsamsten Pflanzen, in allen Farben prangen. Der Hauptmasse nach sind es Korallenstöcke von allen Formen Größen und Farben,

---

[178] Siehe Abb. 12 und 13.

neben zart grünen breiten stehen schlanke rosenrothe, riesige gelbe u braune Schwämme breiten sich dazwischen aus, blaue Seesterne citronenfarbige Orchideen sitzen auf ihnen und in diesem Blumengarten spaziert unaufhörlich eine Menge verschiedener Gäste, Schaaren von grünen oder azurblauen Fischen schießen zwischen den Stöcken [dahin] herum, langbeinige Krebse lustwandeln dahin, kurz überall wohin man blickt sieht man Bewegung u Leben. Unsere Bootsleute sprangen ins Meer und holten uns heraus, was wir haben wollten, so brachten wir vielerlei mit an Bord, darunter einen einzigen Stock von über ein Meter Durchmesser. Nachdem wir uns umgekleidet hatten gingen wir an Land, durch die belebte Hauptstraße hindurch. Auffällig sind die vielen schwarz eingehüllten Frauengestalten; es sind Christinnen – natürlich nur dem Namen nach – die sich auf solche Weise kleiden auf spezielle Anordnung der Missionare. Etwas dümmeres konnten die letzteren kaum ausfindig machen, die leichte bunte Bekleidung durch die schwarzen Taffetkittel zu ersetzen. – Am Nachmittag kaufte ich noch einen Casuar aus Neuguinea. Das muntere noch junge Thier ist schon ganz zahm, wir haben ihm den treffenden Namen „Meyer" gegeben. Vielleicht kann ich ihn lebendig nach Europa transportiren.[179]

[179] Laut Kükenthal 1896a, S. 53 gelingt dies.

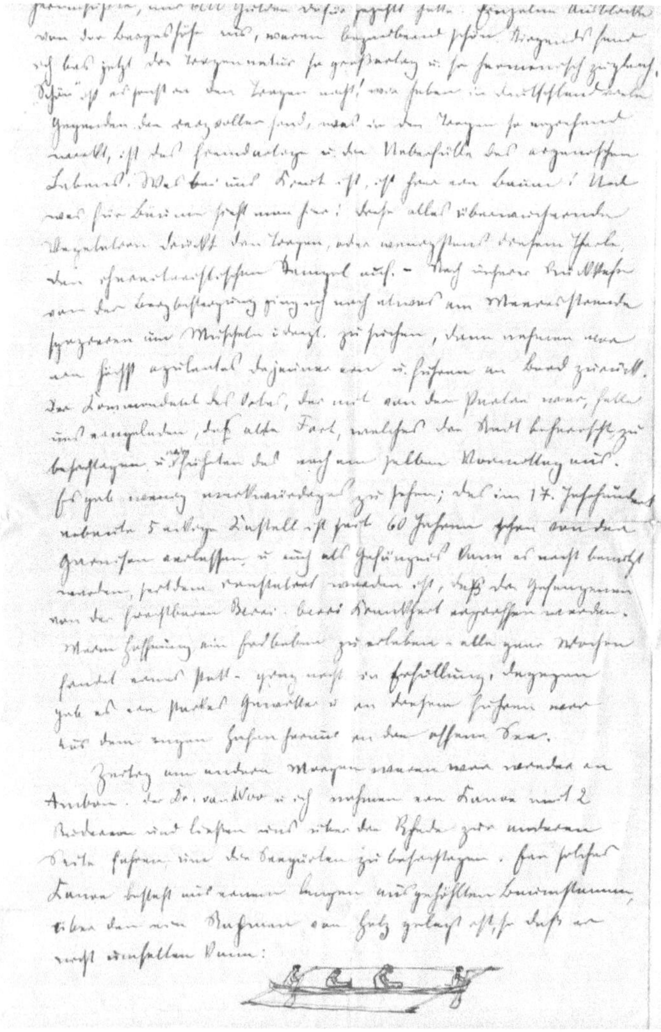

Abb. 12 Brief vom 23. Dec. 1893, S. 2. Privatbesitz

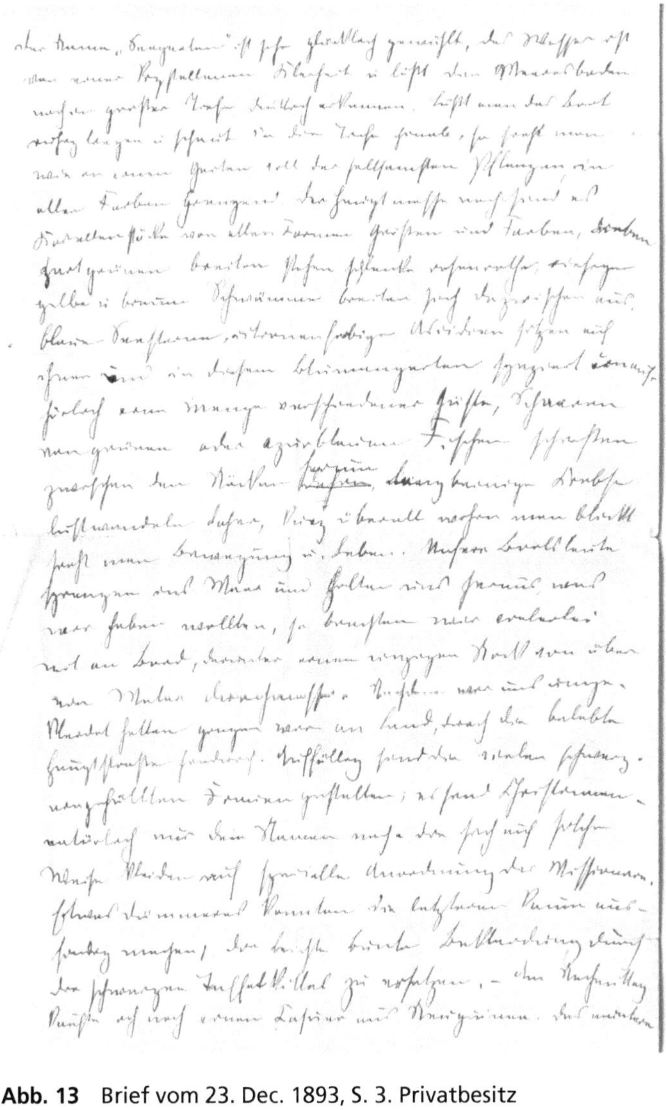

Abb. 13 Brief vom 23. Dec. 1893, S. 3. Privatbesitz

24. t. Dec, Insel Boeroe[180]

Heute am Vorabend von Weihnachten denke ich viel an Euch lieben zu Hause. Wie gern wäre ich heute bei Euch, statt dessen liegen wir hier nach stürmischer Fahrt auf der Rhede von Kajeli[181] in Boeroe. Eine tiefe Bai hat uns aufgenommen, umsäumt von niedrigem Vorlande; in der Ferne sieht man blaue Bergketten: das einzige Product, welches hier ausgeführt wird ist „Cajeputiel", von dem ich eine Flasche mitnehmen werde. Schon um Mittag geht es weiter nach der Insel Batjan.

25 ten Dec. Insel Batjan

Heute Morgen waren wir in Batjan an Land, machten einen großen Spaziergang, fingen allerlei Gethier, tranken zur Erfrischung die Milch einer Cocosnuß, später Sagopalmwein, letzteren aber mit Vorsicht, und gingen dann an Bord zurück. Der hiesige Controlleur (der höchste Beamte) sowie der Administrator der hies. Plantagengesellschaft haben mich eingeladen sie bald zu besuchen, was ich thun werde, da Batjan sehr interessant ist. Morgen früh werden wir in Ternate sein u. da das Schiff bald weiter geht, so will ich meinen Brief hier schließen, der Dir, wenn er Dich erreicht, melden soll, daß ich glücklich am Endziel meiner Reise angekommen bin. Grüße alle recht herzlich von mir u behalte lieb,

Deinen Willy

[180] Boeroe: Insel westlich von Seran (Abb. 1), Einleitung, dort „Buru" geschrieben.
[181] An der Ostküste der Insel Buru.

Ternate den 4. Jan 94.

Mein lieber Schatz!

Morgen wird der Dampfer erwartet, der mich mit der übrigen Welt verbindet u ich will Dir daher über Deinen Mann u das was er treibt bericht erstatten. Den letzten Brief sandte ich am Tage meiner Ankunft in Ternate ab. An Land angekommen suchte ich sofort ein Unterkommen, welches ich auch bei einem alten deutschen Missionar, Herrn Beyer, fand. Da das Zimmer, welches er mir geben konnte, viel zu klein war, so miethete ich mir einen mäßig großen am Meere gelegenen Schuppen u schlug dort mein Laboratorium auf.

Mein Besuch bei dem Referenten u den anderen Beamten machte mich bald mit den wenigen Europäern bekannt, welche hier vegetiren. Der Resident empfing mich sehr freundlich, er hat mir schon viel geholfen u. wird mir auch bei der Erforschung Halmaheras behülflich sein. Einen Jäger, den ich engagiert habe, habe ich bereits mit einer Prau[182] nach Halmahera geschickt. 2 Schmetterlingsfänger ließ ich 10 Tage Probe sammeln, sie können aber nichts u. ich muß andere nehmen. – . Ich selbst arbeite vorläufig marine Sachen gehe selbst mit kleinen Tauchern im Boote heraus u lasse mir allerhand heraufholen. Man kann in dem krystall klaren Wasser die Thiere sehr gut erkennen. Reiche Ausbeute gewähren mir auch die Korallenblöcke, die ich herauf schaffen lasse um sie zu zerschlagen. Mein persönlicher Diener heißt Johannes, ist Sirani d. h Christ u hat

[182] Prau: mal.: Boot.

sich daher bereits einmal – am Neujahrstag – gottsträflich betrunken. Da die andern aber noch schlechter sind als er, will ich ihn behalten, da er ehrlich ist. Zu thun gibt es sehr viel, ja zu viel. Früh um 6 Uhr, sobald es Tag wird stehe ich auf, trinke eine Tasse Kaffee und begebe mich in bunten Schlafhosen u Kabaja in mein Laboratorium. Inzwischen hat Johannes das Boot hergerichtet, Gläser u Netze werden herbei gebracht u. nun geht es hinaus aufs Meer. Noch ist es leidlich kühl, ca. 25 ° C. bald aber wird es gehörig heiß u ohne großen Sonnenhut wäre es nicht auszuhalten.

Inzwischen haben wir eine seichtere Stelle des Meeres erreicht und meine beiden Jungen springen hinein um wie Jagdhunde alles zu apportieren, was ich ihnen bezeichne. Bald füllen sich die Gläser mit allerlei Gethier, prachtvoll gefärbten Fischen, Seerosen Würmern u dergl. Vorgestern sah ich am Grunde 2 Seeschlangen, die Jungen hatten aber riesige Angst vor ihnen, da ihr Biß tödlich ist, u so bekam ich sie nicht. Nun geht es mit der Beute ins Laboratorium, wo ich lange Tafeln habe errichten lassen, auf denen Gläser etc zu stehen kommen. Zeichnen, studiren, conserviren, ins Tagebuch die Funde einschreiben etc, das geht ununterbrochen. Alle Augenblicke werde ich gestört durch Leute, die etwas zu verkaufen haben, da bringt einer einen Haufen bunter Fische, ein anderer hat eine riesige Eidechse, oder Schildkröte, kleine Kinder kommen mit Insecten an, Heuschrecken über ½ Fuß lang, u alles das taxire ich u bezahle es in Kupfergeld, von dem ich einen ganzen Kasten voll neben mir stehen habe. Anfänglich forderten die Leute ungeheure Preise, was ich ihnen abgewöhnt habe. So vergeht der Vormittag u es wird 1 oder 2 Uhr bis ich nach Hause komme. Jetzt wird gegessen u zwar die berühmte Reistafel. Jeden Tag kommen genau dieselben Gerichte auf den Tisch, Huhn mit Reis im Wesentlichen mit einigen stark gewürzten Zuthaten; jeden Abend um 9 Uhr giebt es Hühnersuppe u. gebratenes Rindfleisch. Diese Eintönigkeit der Speisen ist entsetzlich, es läßt sich aber nicht ändern. Bin ich sehr müde so lege ich mich nach dem Essen etwas ins Bett. [oder] vielfach gehe ich aber kurz darauf wieder zur Arbeit u bleibe bis 6 Uhr dabei. Du kannst Dir denken, daß ich dann abends müde bin. Mit meinen Hausgenossen, dem Lehrer von Ternate, der auch bei Beyer wohnt, gehe ich etwas in die Societät, das officielle von der Regierung gebaute Gesellschaftshaus, wo etwas Billard gespielt oder geplaudert wird, dann gehen wir zur Hühnersuppe nach Hause, legen uns dann auf die langen Stühle auf der Veranda u gehen um 11 Uhr zu Bett. Auch das ist nicht so einfach. Zuerst erfolgt genaue Inspection, da es in den Häusern von Thieren wimmelt. Neulich fand ich darin eine greuliche Spinne, groß wie ein Taschenkrebs. Auf dem Tischtuch laufen während des Essens hunderte von Ameisen herum, von der Lampe fallen alle Augenblicke Insecten herab, u augenblicklich schreibe ich nur mit großer Schwierigkeit, da der Tisch von geflügelten Ameisen wimmelt. Es ist nur gut, daß in den kleinen Eidechsen die massenhaft an den Wänden herumhuschen eine Art Hauspolizei existirt. Ein paar Mal war ich auf Jagd u habe auch schon hübsche Sachen geschossen. [Auf] Am reichsten ist das Thierleben in den Mangrovensümpfen südlich von Ternate, freilich ist es keine Kleinigkeit in den von großen bissigen Eidechsen wimmelnden Sümpfen über die vielen Baumwurzeln herumzusteigen. Prachtvoll ist die Natur hier, die Vegetation unbeschreiblich üppig, Du wirst es auf Photographien sehen von denen ich schon eine ganze

Anzahl gefertigt habe. Vis a vis unserem hart am Meere liegenden Hause, im Süden erhebt sich der majestätische Vulkan von Tidore[183] sein Haupt in den Wolken,

Ueber die hier hausenden Europäer (?) die zum größten Theil stark malayisches Blut in den Adern haben, kann ich in Kürze nicht viel berichten, u verweise Dich auf mein ausführliches Tagebuch, welches ich führe. Sie alle haben nur einen Gedanken, wieder von Ternate weg zu kommen u ich kann es ihnen nicht verdenken, sie sind zu sehr von der Civilisation abgeschnitten.

In 12 Tagen geht es fort nach Halmahera, ich gedenke an die Ostküste zu gehen u dort zu verweilen. Der Aufenthalt dort ist ganz sicher, freilich wird es mancherlei Entbehrungen geben. Mein erster Aufenthalt wird circa 3–4 Wochen dauern, dann kehre ich nach Ternate zurück. In dieser Zeit kann ich natürlich keine Nachricht geben. Begleitet werde ich von meinem Diener, einem Jäger, den ich heute engagirt habe u. vielleicht von einem Insectensammler. Kulis zum Tragen bekomme ich dort. Nachdem ich mich in Ternate, erholt habe, werde ich ein zweites Mal nach Halmahera gehen zusammen mit Herrn Sedé, dem höchsten Beamten nach dem Residenten u versuchen die Insel[n] an einer breiten Stelle zu durchqueren. Ich verspreche mir davon sehr viel.

Soeben ist das Schiff angekommen u ich habe Deine Briefe vom 11 u 18 Nov. sowie die Postkarte erhalten. Auch

---

[183] Die Insel Tidore ist der Westküste von Halmahera vorgelagert.

einen Brief von Römer[184] quittire ich. Freue mich über die guten Nachrichten.

Viele Grüße an Alle!

Dein getreuer Bill.

Vati bringt der Lotte[185] etwas schönes mit!

Ternate den 20. Jan 94.

Lieber Schatz!

In aller Eile noch einige Zeilen bevor ich Ternate[186] verlasse. Uebermorgen geht es also zum erste Male nach Halmahera, u. Du wirst daher auf längere Zeit keine Nachricht von mir bekommen können. Die Zeit seit meinem letzten Brief habe ich gut ausgenützt. Große Jagdturen wechselten mit Seefahrten ab und manches kleine Abenteuer kannst Du später in meinem Tagebuch nachlesen. Mein Gesundheitszustand ist ein ganz vortrefflicher, ich habe brillanten Appetit u arbeite jetzt bis 10 Stunden täglich.

[184] Fritz Römer (1866–1909) erhält 1890 von Kükenthal die Anregung zu seiner Dissertation „Über den Bau und die Entwicklung des Panzers der Gürteltiere". Ab 1892/93 ist Römer Assistent in Jena, 1896 mit Kükenthal aus den Mitteln der Ritterstiftung in Messina. 1899 ruft ihn Kükenthal als ersten Assistenten nach Breslau. 1900 wird er erster beamteter Kustos am Museum der Senckenbergischen Naturforschenden Gesellschaft in Frankfurt, 1907 Museumsdirektor. Siehe Uschmann 1959, S. 183.

[185] Siehe Fußnote zum Brief vom 30.10.1893.

[186] Siehe Abb. 14.

Die Sammlung schwillt ganz enorm an. Du kannst Dir denken wie es bei mir aussieht, wenn einmal einer meiner Jäger ankommt mit einem halben hundert Vogelbälgen, die getrocknet werden müssen, oder einer Flasche div. Insecten. Fische bekomme ich dutzendweise und zahlreiche Jungen sind fortwährend beschäftigt im Meere nach kleineren Seethieren zu tauchen. Da heißt es oft den Kopf oben zu behalten.

Die Diener gehorchen mir auf den leisesten Wink, ich habe sie ganz gut abgerichtet, besonders meinen Leibdiener Johannes. Oft wollte ich Du könntest einmal auf kurze Zeit hier sein und einen jener Ausflüge mit machen, die ich dann und wann unternehme. Die Wanderungen im Walde sind ganz großartig u ich habe mich bereits mit den mancherlei kleinen Beschwerden, die der dichte Wald bietet, vertraut gemacht, so daß ich neulich 7 Stunden unterwegs war u 13 hübsche Vögel erlegte.

Neulich Nachts war ich auf der Kalongjagd; (der Kalong od. sog. flieg. Hund ist eine Fledermaus, die bis 5 Fuß spannt) obwohl wir massenhaft Thiere sahen, konnten wir doch nicht zum Schuß kommen; ich habe aber 3 bereits von anderer Seite bekommen, ebenso die merkwürdigen Beutelthiere, die Cuscus, von Dachs größe, die auf den Bäumen leben. Lebend halte ich forwährend eine größere Anzahl Thiere, „Meyer" aus Neuguinea, mein Casuar, ist wohl und munter, dergl. mein weißer Kakadu, auch lebende fl. Hunde u Cuscus habe ich gehabt. Mächtige Wassereidechsen, die von den Eingeborenen wegen ihres Bisses gefürchtet werden, habe ich auch schon geschossen. Auf Halmahera sind die Aussichten noch viel günstiger, ich hoffe sehr viel dort machen zu können. Einen Jäger, den Ali u. seinen Jungen setze ich in Gani an der Südspitze ab, den anderen, Mahmude, nehme ich mit nach Patani ebenso meinen Johannes Ephraimhardus, wie sein christl. Name lautet. Hier nehme ich Standquartier in dem Hause des einzigen Europäers (es giebt nur 4[187] Eur. auf ganz Halmahera) u mache von da größere oder kürzere Excursionen. Die Kosten einer solchen Expedition sind übrigens ganz bedeutende. Außer ihrem Lohn erhalten die Leute noch Verköstigung u ich muß heute noch Reis, getrocknete Fische etc. einkaufen lassen.

Daß ich beim Sultan war, habe ich Dir wohl noch nicht geschrieben. Der Resident selbst begleitete mich; es war sehr nett u nichts besonderes. Doch morgen früh ist eine große Geschichte. Es kommt nämlich ein Brief von meinem Generalgouv. an den Sultan, der feierlich vom Regierungsgebäude, durch eine große Gesandtschaft abgeholt wird. Ich habe auch dazu eine Einladung vom Residenten bekommen.

Photographien habe ich 15 Stück von Ternate gemacht, sie sind zum größeren Theil gelungen.

An Prof. Vejdrowsky[188] in Prag habe ich geschrieben, daß ich sein Anerbieten betreffend Umtausch acceptire, doch nur für den 2ten Band, der jetzt erschienen ist. Sobald also sein Werk in Jena ankommt, sende ihm durch Pohle einen Band (in roth. Umschlag,[)] keinen eingebundenen) Wenn dieser Brief Dich erreicht, so bist Du wohl schon in Coburg[189] oder rüstest Dich wenigstens dazu. Nun, in 8 Monaten werde ich auch wieder in Europa sein, u ich kann wohl sagen, daß ich mich recht darauf freue. Bis August werde ich

[187] Nicht eindeutig überschrieben durch: 5.
[188] Frantiček Veydowský (1849–1939), Zoologe.
[189] Kükenthals Eltern und seine Schwiegereltern wohnen dort.

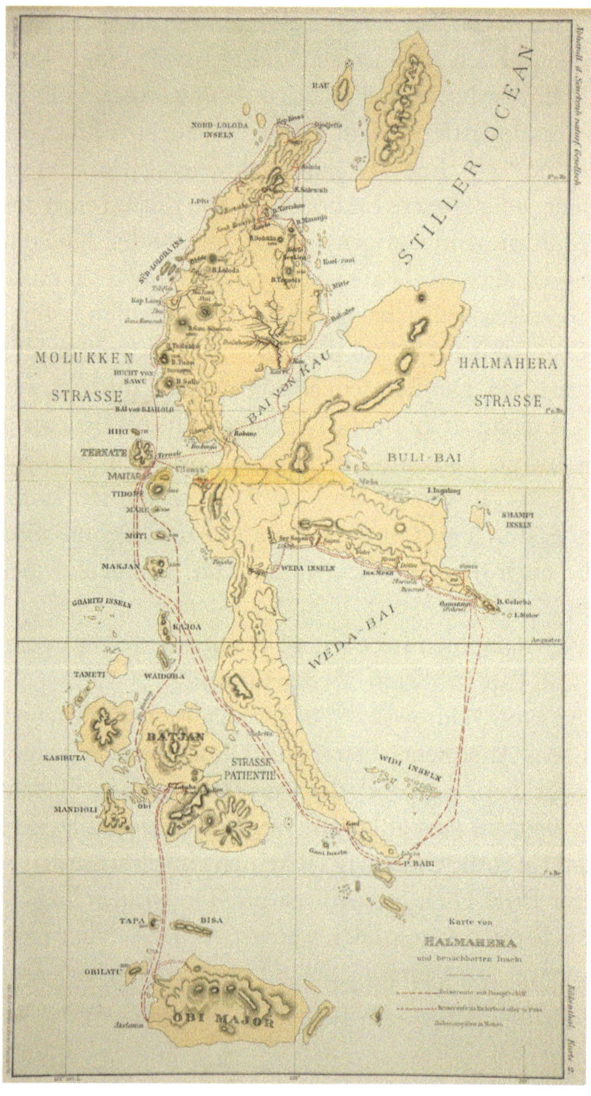

Abb. 14 Karte von Halmahera und benachbarten Inseln. (Kükenthal 1896a, nach S. 80)

wohl in Ternate [blei] resp. auf den umlieg. Molukken bleiben, dann geht's nach Sumatra u dann nach Hause. Nun lebe recht wohl, ängstige Dich nicht wenn Du mindestens 4 Wochen lang keine Nachricht von mir bekommst, u behalte lieb

Deinen Willy

Ternate den 13 Febr 94.

Liebe Grete!

Vor zwei Stunden bin ich mit dem Neu-Guineaschiff wieder hier eingetroffen. Mein erster Zug nach Halmahera ist beendet u ich kann sagen mit gutem Erfolg. Ich fand hier Deinen lieben Brief vom 24 November vor, morgen kommt eine weitere Post an mit hoffentlich guten Nachrichten. Ein chinesischer Dampfer geht in wenig Stunden direct nach Borneo u Singapore ab u ich muß mich beeilen Dir noch schnell kurze Nachricht zukommen zu lassen.

Was also das Wichtigste ist: Die Reise in Halma hera ist sehr gut verlaufen, ich bin niemals krank gewesen u habe die oft nicht geringen Strapazen mit Leichtigkeit ertragen. In Patani an der Ostküste von Halm. wohnte ich im Hause des einzigen Europäers, des frz. Posthalters, der aber mit Post u dergl. nicht das geringste zu thun hat, sondern Gouverneursbeamter ist. Das ganze Land gehört dem Sultan von Tidore, der nördliche Theil dem von Ternate. Das Volk von Patani war sehr willig, das ganze Dorf war beordert für mich Thiere zu fangen u ich habe eine sehr große Sammlung zusammengebracht. Der erste Ausflug war ein

Uebungsmarsch über das Gebirge – nach der anderen Küste, in 2 Tagen war ich wieder zurück. Dann machten wir eine 8tägige Reise in die Bai von Weda[190] hinein. Unser Fahrzeug war eine kleine von 8 starken Leuten geruderte Prau. in diesem Boote lebten wir, schliefen auch darin u fanden es bald ganz vergnüglich. Sobald wir früh morgens an einen Kampong gekommen waren, wurde ein Häuptling u 4–6 Mann für mich beordert und dann ging es landeinwärts in das Wald gebirge. Die Scenerien, die ich hier gesehen habe, gehören zu dem großartigsten was auf der Erde existirt. Mächtige Bergströme bin ich herauf gefahren in kleinem Kanoe, einmal that sich ein mächtiger Berg vor uns auf u ich zwang meine Leute mich in dies Dunkel hereinzufahren. Der Fluß verlor sich ähnlich wie die Reka nur noch viel großartiger darin, u wir drangen tief in die 3–400 Fuß hohe Höhle hinein bis ein Wasserfall uns Halt gebot. Ein anderes Mal befuhr ich einen herrlichen See der mit dem Meere durch einen schmalen Sund in Verbindung stand. Berge wurden erklettert, Flüsse durchquert u Thiere in großen Mengen gesammelt. In einem Tage erbeutete ich 5 Schlangen. Einmal schoß ich eine Schlange von 10 Fuß Länge. In den Wäldern wimmelt es von Kakadus, von Schaaren voll bunter Papageien, prachtvolle grüne Paradiesvögel habe ich 12 Stück erbeutet. In den Flüssen hausen Krokodile u mächtige Wassereidechsen ich schoß mehrere der letzteren, die nicht ungefährlich sind (gegen 5 Fuß lang) Oft waren meine Füße ganz zerrissen von dem scharfen Gestrüpp, ich kurirte sie aber schnell u jetzt sieht man nur noch Narben. Kehrte ich dann nach einem solchen oft 8 Stunden

[190] Die Bai, an der auch Patani liegt.

dauernden Ausflug ins Boot zurück, so waren inzwischen dort Seefische geangelt worden u ich aß mit wahrem Wolfshunger. Dann begannen die Leute wieder zu rudern oft die halbe Nacht hindurch.

Die Bevölkerung war im Allgemeinen gut, sie gehört zum Theil zu dem malay. Stamm aber mit ganz anderer Sprache, dann habe ich hier aber auch noch Ureinwohner gefunden die Saways, die fast ganz nact gehen; ich habe ihre Götterbilder, die Wangi-Wangi besucht, u viele ihrer Gebräuche kennen gelernt. Was aber besonders wichtig ist, daß ich Photographien von ihnen angefertigt habe. So verging die Zeit im Fluge, u als ich nach Patani zurückgekehrt war, waren mir noch wenig Tage übrig bis das Schiff aus Neu Guinea zurückkam u uns abholte. An einem Abend wurde ein Menari ein echt orientalisches Zauberfest veranstaltet. 150 Tänzerinnen alle in prächtvoller Seide die Männer in dergl. wunderbaren Trachten. Der Tanz dauerte bis gegen Morgen. Dann große Geister Beschwörung. Ein junges Mädchen war von einem bösen Geiste besessen, u mußte 10 Tage u 10 Nächte unaufhörlich tanzen um ein kleines Schiff herum, das prächtig ausstaffirt war. Am 11 Tage wurde das Schiff mit Nahrungsmitteln versehen auf See gebracht u dort seinem Schicksale überlassen. In dem kl. Schiffe saß nun der böse Geist; ich sandte einen verschwiegenen Mann nach, der mir die ganze Geschichte zurückbrachte. Ich werde es mit nach Deutschland nehmen – doch ich kann Dir in diesem kurzen Briefe nicht alles erzählen, was ich erlebt u beobachtet habe, ich werde es Dir später in meinem Tagebuch zu lesen geben (ich habe allein von dieser kurzen Reise 1½ Bücher vollgeschrieben).

Sobald ich wieder Nachricht von Dir bekomme, werde ich wieder schreiben. Nun ist es nicht mehr gar so lange, daß ich nach Deutschl. zu Euch lieben zurückkehre. Aber noch muß ich noch 3–4 Reisen nach Halmahera machen bis ich diese große Insel einigermaßen erforscht habe.

Bald also mehr! Lebe wohl tausend Grüße u Küsse

Dein getreuer Bill

NB Nur für Dich: mein Herzensschatz!

Ich wollte Dir nur noch schreiben, daß ich täglich wohl hundert mal an Dich u unsere beiden Kleinen denke u mich trotz aller Tropenpracht auf den Moment freue, wo ich wieder bei Euch bin. Es küßt Dich tausendmal Dein alter

Bill.

NB Beiliegende Marken sind mir von verschied. Seiten geschenkt worden, sie sind z Th selten, achte nur auf den schwarzen Aufdruck, z. B „Perak“[191] etc.

An Ernst Haeckel, Ternate den 16 Febr! {1894}

Hochverehrter und lieber Herr Professor!

Empfangen Sie nochmals nachträglich meine herzlichsten Glückwünsche zum heutigen Tage.[192] Freilich werden sie

[191] Sultanat auf der Malaiischen Halbinsel.
[192] Haeckels Geburtstag am 16. Februar.

erst spät in Ihre Hände kommen, seien Sie aber versichert, daß ich am heutigen Tage oft Ihrer gedacht habe, und daß es mein innigster Wunsch ist, daß Ihnen noch eine lange, lange Reihe glücklicher Lebensjahre beschieden sein mögen. Das Telegramm von Treub und mir aus Batavia[193] wird hoffentlich rechtzeitig in Jena angekommen sein.

Erst seit ein paar Tagen bin ich wieder in Ternate zurück, 22 Tage weilte ich in Halmahera und habe Streifzüge ins Innere dieses merkwürdigen Landes gethan. Vieles habe ich gesehen und manches erlebt, oft kommt es mir wie ein Traum vor, daß ich, der ich noch vor 4 Monaten in Jena saß, nun eine Tropeninsel durchstreifen kann, die vielleicht das Schönste bietet, was die Erde aufzuweisen hat. Nicht nur die Vegetation ist unvergleichlich großartig, auch das Landschaftliche, das sonst in den Tropen wenig hervorragendes zeigt, ist hier von einer zauberhaften Schönheit. habe auf Halmahera an dessen Ostküste einen Bergstrom befahren, der aus einer etwa 400 Fuß hohen Höhle hervorbraust, die Ufer, die kurz vorher noch vom üppigsten Urwald begrenzt waren, sind jetzt weite Felsenmauern, die [oben] anfänglich oben noch offen sind und etwas Himmelslicht hineinlassen, sich dann aber schließen und ein ungeheures Gewölbe von unbekannter Ausdehnung darstellen.

Auch die Bewohner Halmaheras sind äußerst interessant. Ausser den Alfuren fand ich noch Reste einer anscheinend sehr alten Bevölkerung die sich Sarvays nennen, Waldmenschen sind, und auf sehr niedriger Culturstufe stehen. Ich habe Photographien von diesen Leuten anfertigen können. Doch das und noch vieles andere kann ich Ihnen noch aus-

[193] Das Telegramm befindet sich im Archiv des Haeckel-Hauses in Jena.

führlich in Jena schildern. Oft kommt mir der Gedanke, wie schön es sein wird, wenn ich erst wieder zurückgekehrt sein werde. Wie Sie wohl denken können ist meine Sehnsucht nach Jena oft groß, denke ich aber daran, was es hier noch alles zu thun giebt, so werde ich dieser Anwandlungen bald Herr.

Nun lieber Herr Professor leben Sie wohl, grüßen Sie bitte Ihre Familie sowie unsere Freunde und behalten Sie in gutem Andenken

Ihren getreuen Kükenthal[194]

Ternate d. 18/2. 94

Liebe Grete!

Uebermorgen erwarten wir hier ein Packschiff u. ich will Dir daher nochmals ein Lebenzeichen senden bevor ich wiederum in die Wildnis von Halmahera gehe. Meinen letzten Brief, der eine flüchtige Skizze der ersten Halmahera exped. enthielt, habe ich vor [6] 5 Tagen mit einem chinesischen Dampfer nach Singapore gesandt, hoffentlich kommt er in Deine Hände.

Alle Deine Briefe habe ich bis jetzt glücklich erhalten, der letzte datirt vom 18 Dec. Daß die Taschentücher dir gefallen haben freut mich, vielleicht bringe ich noch so was ähnliches mit. Auch aus Halmahera bekommst Du Geschenke, die mir ausdrücklich für Dich übergeben sind, das eine von einer braunen jungen Dame (!) das andere von meinem chi-

[194] EHH A-Abt.1, Nr. 2395/9.

nesischen Freund Tan Soekiony in Girnin. Da wirst Du Augen machen.

Und für Lotte u Edith[195] kommt auch was mit. Ich habe hier auch eine kleine Lotte, sie ist schneeweiß, sitzt auf einer Holzstange u. frißt viel Bananen, außerdem kann sie „Lotte" u „Kakadu" sagen. Mein Casuar „Meyer" frißt ebenfalls gut u wird ein großes starkes Thier.

In diesen Tagen bin ich mit Einpacken u dann mit Meeresuntersuchungen beschäftigt gewesen; hier in Ternate ist es ziemlich warm, zur Zeit habe ich im Arbeitszimmer 33 ° C. Ich habe mich aber schon so daran gewöhnt, daß ich die Hitze kaum mehr fühle. Wenn die Temperatur nachts auf 25 ° sinkt, friere ich. Sobald ich nun fertig bin geht es wieder fort, doch habe ich noch keinen genauen Plan. Eine solche Reise ist immer sehr schwierig, die Besorgung der Prau etc. u dann vor allem die Anwerbung guter Leute, Jäger etc ist nicht leicht.

Hier in Ternate giebt es sonst nichts Neues, man schläft hier einen tiefen Schlaf, aus dem man nur auf kurze Zeit erwacht, wenn das Dampfboot kommt, was alle 14 Tage geschieht. Klatsch u. ähnliches füllen die Zeit der hiesigen Weißen aus. Unglücklicherweise ist jetzt auch unser Resident ganz plötzlich zur Disposition gestellt worden, was ich bedaure, da der Mann mir sehr gefällig war.

Im chinesischen Viertel ist seit 4 Tagen großes Fest. Die niedl. aufgeputzten Kinder werden am Abend von Kulis in Wagen gefahren, begleitet von Laternen u dergl. Fürchterliche Musik dazu, viele Masken, in allen Chinesenhäusern hat man freien Zutritt u wird mit Delicatessen bewirthet.

[195] Siehe Fußnote zum Brief vom 30.10.1893.

Gestern Abend kam seine Hoheit der Sultan vorbei gefahren u begrüßte uns, die wir fast ohne Kostüm auf der Veranda saßen. Er befand sich im Inneren einer ungeheuren Kutsche, die von 20 Kulis gezogen wurde. In ähnlichen kleineren Gefährten folgten Prinzen u Prinzessinnen.

Ich habe hier mancherlei hübsche ethnographische Sachen gekauft, freilich Nippsachen um sie im Salon auszustellen sind es nicht, es sind Waffen der Alfuren, der Papuas, Hüte etc. Frage Engelhardt ob er derartiges haben will, kostbare Schwerter etc giebt es hier nicht u. echte Gewerbe sind so enorm theuer, (bis 200 Gulden) daß ich auf den Kauf verzichte. In Singapore kann ich für E. noch einiges einkaufen aber freilich nicht chines. u japanische Sachen.

Nun lebe wohl für heute, mein süßer Schatz, gieb den Kindern einen Kuß u sage Lotte, daß Vati sich sehr über ihren Brief gefreut hat u bald zurückkommen wird. Grüße an Alle!

Dein Willy

Ternate, den 20. Febr 94.

Liebe Eltern!

Gestern Abend erhielt ich Euren Brief, über den ich mich sehr gefreut habe. Daß die Sache mit Martha[196] endlich ins Klare gekommen ist, ist auch mir eine große Beruhigung. Mir geht es hier in der Fremde ganz gut, wenngleich ich oft große Sehnsucht nach Hause habe. Das Klima in Ternate

[196] Martha: Kükenthals jüngste Schwester, geb. 30.7.1870.

ist ganz herrlich, zwar etwas heiß aber durchaus gesund. Ich fühle mich außerordentlich wohl und frisch u. habe noch nicht den geringsten Fieberanfall gehabt.

Es wird Euch vielleicht interessiren wie ich lebe. Also Ternate ist ein Ort, in dem etwa ein Dutzend Europäer, meist Regierungsbeamte leben. Ihre Häuser stehen an einer breiten mit mächtigen Bäumen bestandenen Allee, die längs des Seestrandes sich hinzieht. Dann giebt es hier noch eine enge Straße, in der chinesische u. arabische Händler wohnen, während die Eingeborenen in Hütten leben, die in weitem Umkreis um die eig. Stadt herum liegen. Meine Wohnung habe ich im Hause eines alten deutschen Missionars, Beyer, der jahrzehnte lang auf Neu-Guinea gewirkt u. sich aus Gesundheitsrücksichten nach Ternate zurückgezogen hat. Hier bewohne ich ein kleines Zimmer mit 4 nacten geweißten Wänden, dessen Möbel ein mächtiges mit Moscitonetz versehenes Bett, ein Waschtisch, ein Tisch u ein Schrank sind. Am Tage halte ich mich in einem großen massiven mit Wellblech bedeckten Schuppen auf, der als Laboratorium eingerichtet ist. Hier arbeite ich, hier sind meine Diener mit allerlei Arbeiten, packen, löthen etc. beschäftigt u ein lebhafter Handel spielt sich hier ab. Kinder bringen fortwährend allerlei Thiere, für die ich bestimmte Preise fest gesetzt habe, Händler bieten Vogelbälge, Waffen etc an, u ein großer Sack mit Kupfergeld wird alle paar Tage leer. Mein Leibdiener ist ein Sirani d. h. Christ heißt Johannes u ist etwa 50 Jahre alt. Er ist ein ziemlicher Esel, aber sehr dienstfertig u. durchaus ehrlich. Dann kommt ein Jäger, der auf Reisen stets mit mir geht, Mahmud, ein prächtiger junger Bursche von etwa 25 Jahren, etwas wild (auf Neu-Guinea, wo er Paradiesvögel jagte, hat er im Kampfe

2 Papuas getödtet) aber zuverlässig u. mir vollkommen ergeben. Ferner habe ich noch einen zweiten Jäger Ali, der ein ziemlicher Schuft ist, aber sehr gut arbeitet; er hat noch einen Jungen neben sich, u beide sende ich stets allein in das Innere von Halmahera. Dieser Ali hat mir täglich durchschnittlich 5 Vogelbälge abgeliefert, eine außerordentliche Leistung.

Mein Tagewerk, wenn ich auf Ternate bin, bebeginnt früh 6 Uhr. Dann trete ich in demselben Kostüm, das ich Nachts trage auf die große Veranda heraus, trinke eine Tasse starken Kaffees u. begebe mich dann ins Laboratorium, oder in einem Boote auf See hinaus, wo mit allerlei Netzen gearbeitet wird. Um 9 od. 10 Uhr frühstücke ich, geröstetes Brot, 3 Eier u. eine Tasse Thee, hierauf folgt weitere Arbeit u. Mittag 1 Uhr geht es zum Essen, zur Reistafel. Es kommt an den Tisch, an dem noch das Ehepaar Beyer (seine Frau ist eine prächtige alte braune Dame) u der Schullehrer von Ternate sitzen, eine große Schüssel Reis u außerdem 10–20 Schüsseln verschiedenen Inhalts, meist Fleischspeisen, die mit scharfem Pfeffer etc zubereitet sind, auch gedörrte u gebackene Fische, die getrocknete [Ha] u dann gebackene Haut von Büffeln u ähnliche Delicatessen. Das wird alles zusammen mit dem Reis zu einem großen Haufen gemischt u mit dem Löffel verzehrt. Dazu trinke ich ½ Flasche recht guten Rothwein, von dem ich mir ein paar Kisten in Macassar gekauft habe. Nach Tisch nehme ich ein Buch zur Hand, lese etwas u gehe dann wieder bis 6 oder ½ 7 Uhr ins Laboratorium. Bis dahin besteht meine Kleidung aus einer bunten Kattunhose u. einem hemdartigen dünnen durchscheinenden Rock, an den Füßen trage ich chinesische Strohpantoffeln. Bin ich

Abends geneigt noch etwas aus zu gehen, so ziehe ich einen weißen Leinwandanzug an u gehe in die Societät. Das ist eine Art Gesellschaftshaus, wie sie von der holl. Regierung überall für ihre Beamten gebaut wurden, es giebt darin eine Vorgalerie mit Spieltischen, ein Lesezimmer mit allerlei, auch deutschen Zeitungen u eine Hintergalerie mit einem Billard. Ich bin natürlich hier der Billardkönig. Um ½ 9 wird zu Abend gegessen, stets Hühnersuppe, gebratenes Fleisch od. Huhn u Früchte. Letztere giebt es in colossalem Ueberfluß, Ananas, Banane u viele andere, von denen Ihr nicht einmal die Namen kennt. Dann gehen wir, nachdem wir wieder Nachtkleidung angelegt haben nach vorn, legen uns auf ganz lange, prachtvoll bequeme Stühle u rauchen eine Cigarre. Dazu wird Ajer blanda (Apollinaris wasser mit Whiskey getrunken. Mein Alkoholquantum ist überhaupt nicht gering, ich brauche täglich eine Flasche Rothwein, sowie 2 bis 3 Gläschen Whiskey. Sich des Alkohols zu enthalten heißt in kurzer Zeit sich ein Fieber aquiriren. Freilich darf man nicht wie die meisten hiesigen Holländer ins Extrem verfallen u von früh bis Abends Genever mit Bittern trinken.

Um ½ 11 Uhr gehe ich gewöhnlich zu Bett. Das Bett enthält eine mäßige breite, sehr harte Matratze, ein paar Kopfkissen u ein paar Schlummerrollen, sonst nichts, Zudecken giebt es nicht, man schläft [auf] im Kattun Kleid. Bevor man ins Bett steigt, hat man genaue Inspection zu halten, große Spinnen, die entsetzlich bissigen Tausendfüße u Scorpione auch dann u wann eine Schlange suchen mit Vorliebe die Betten als Schlupfwinkel auf. Mein Schlaf ist ausgezeichnet, selten einmal wache ich des Nachts auf, nur wenn mich die fast unsichtbaren Moscitos plagen, die trotz aller Vorsicht hineinkommen, wird die Nacht unruhiger.

So lebe ich, wenn ich auf Ternate bin, doch das ist nur immer kurze Zeit der Fall. Eine Expedition folgt der anderen. So war ich 22 Tage hintereinander auf der Ostküste von Halmahera. Hier ist das Leben nicht so comfortabel. In einem Ruderboot schlafen, tagelang durch den dichten Urwald streifen, den Körper mit unzähligen Wunden bedeckt, das sind Sachen, zu denen eine gute Natur gehört, die ich glücklicherweise habe.

Uebermorgen gehe ich bereits wieder fort u zwar an die Westküste von Halmahera. Eine solche Reise erfordert viele Vorbereitungen. Ich meldete mich zunächst beim Magistrat, durch ihn wurde der Kronprinz von Tidore (der Sultan von Tidore ist gestorben u noch der neue nicht gekrönt,) von meinem Vorhaben in Kenntnis gesetzt. Der ganze südliche Theil von Halmahera gehört zum Reiche Tidore, u ohne Erlaubnis ist da nichts anzufangen. Glücklicher weise ist in Folge der großen Empfehlungen vom Generalgouverneur meine Stellung hier eine derartige, daß der Prinz selbst mich aufsuchte, u. mir mittheilte, er würde einen Häuptling von Tidore aus voraussenden, der mir Adjutantendienste leisten solle. Mehr kann ich nicht verlangen. Ihr müßt Euch übrigens einen solchen Prinzen nicht als einen Halbwilden vorstellen. Er ist ein auffallend schöner etwa 40 Jahre alter Mann, in gewählter europäischer Kleidung mit einem prachtvollen weißen Kopftuch, dem Abzeichen der Fürsten; er hat einen großen Hofstaat u. Tausende von Menschen gehorchen seinem Befehle. Nunmehr mußte eine Prau mit einer größeren Anzahl Ruderern beschafft [werden], u dann die Vorbereit. getroffen werden. Alle Lebensmittel muß ich mitnehmen, Getränke, Teller, Messer, Gabeln, Gläser, Pfropfenzieher, Kartoffeln, Reis für die Leute, Lampe, Petroleum, Bett, d. h. ein eisernes kleines Gestell mit Matratze. Jagdausrüstung, Spiritus, Gläser, Chemikalien, Reiseapotheke etc etc. Ihr könnt Euch denken, daß es da zu thun giebt, vergessen darf ich nichts oder es rächt sich schwer. In Oba werde ich nur für den Fall bleiben, daß das Gebirge nicht zu fern ist, ist letzteres der Fall, so baue ich mir hoch in den Bergen eine Hütte und lebe darin 14 Tage. Freilich, so romantisch wie sich das anhört, ist das Leben im Walde doch nicht, ein schwerer Gewitterregen, wie sie fast täglich sich einstellen, verwüstet alle Romantik. Für den Naturforscher kann es aber nichts interessanteres geben als ein solches Leben. Alles was man sieht ist neu und ungewohnt, nicht zum wenigsten die Menschen, die Alfuren, die in vieler Hinsicht hochinteressant sind, es sind noch vollkommen Wilde, nur mit Lendenschurz begleitet, mit Lanze, Pfeil u Bogen bewaffnet, und ausgezeichnete Krieger u Jäger. Mein Photographierapparat wird wieder viel zu thun bekommen.

Auf Papas Anfrage was ich bis jetzt geschossen habe kann ich nur sagen, vielleicht 150 Vögel, darunter viele Arten Papageien, prachtvoll gefärbte Tauben, Kakadus, große Raubvögel, Adler etc, Reiher, 1 Art Paradiesvogel mächtige Waldhühner, darunter das Megapodius, ein Huhn, welches am Waldessaum ein Nest aufwirft von Sand u. Erde, das 10–20 Fuß Durchmesser u die Höhe eines kleinen Hügels hat, u. dann ein einziges Ei von wahrhaft colossalen Dimensionen hineinlegt. Auf den Bäumen die über die Flüsse sich herab neigen, leben Wassereidechsen von 5–6 Fuß Länge, von denen ich auch bereits einige erlegt habe; fliegende

Hunde und Baumbeutelthiere haben meine Jäger geschossen, ebenso Hirsche. Sobald ich zu letzterer Jagd mehr Zeit habe, werde ich auch darauf ausgehen. Affen werde ich erst auf der benachbarten Insel Batjan bekommen. große Raubthiere finden sich nicht vor, will man nicht die mächtigen Schlangen dazu rechnen, die sich auf Wildschweine stürzen, von denen ich ein Exemplar von 10 Fuß Länge geschossen habe.

Papa schreibt mir, daß Ihr mich zu meinem Geburtstage zurückerwartet, das ist doch etwas zu früh, etwas länger werde ich doch wohl bleiben. Wenn ich aus Oba zurück bin, muß ich mich zu einer ganz großen 2 Monate dauernden Expedition nach Nordhalmahera rüsten, dann noch nach Batjan gehen, u wenn ich im Juli hier fertig bin, so gehe ich über Singapore auf ein paar Wochen nach Sumatra, um ganz großen Viehzeug zu schießen. So wird Mitte September heran kommen, ehe ich von Singapore abreisen kann, so daß ich vor Anfang October nicht in Europa eintreffen kann.

Es wäre wahrhaftig schade, wenn ich meine Untersuchungen abkürzen sollte, nur um eher nach Hause zu kommen, so sehr mein Herz sich nach dahin sehnt. Jetzt heißt es eben: aushalten. Dafür bringe ich dann als der erste Naturforscher eine Naturgeschichte der größten Molukkeninsel mit, das ist doch auch etwas.

Georg[197] könnt Ihr sagen, daß ich wohl etwas botanisirt habe, daß ich aber Carex[198] arten noch nicht gefunden habe. Das Einlegen der Pflanzen ist hier keine Kleinigkeit,

[197] Kükenthal, Georg (1864–1955), Bruder von W.K., Pfarrer und autodidaktischer Botaniker.

[198] Seggen, Sauergrasgewächse, Cyperaceae.

die mächtigen Blüthen sind sehr wasserreich und trocknen schwer. Das Auffallendste waren mir bisher die prachtvollen Orchideen, die Blüthen von schönster Farbenzusammenstellung aufweisen. Die meisten Pflanzen sind aber hier Bäume, u diese vielen hundert Baumarten blühen alle verschieden. Auch Farrenkräuter giebt es nicht viele, es sind alles 20–30 Fuß hohe Bäume mit kaum zu transportirenden Wedeln. Um hier was auszurichten muß man ausschließlich Botaniker von Fach sein, ich selbst kann meine Zeit unmöglich so zersplittern. Photographien habe ich 35 Stück angefertigt kann aber leider dieselben nicht hier entwickeln, da in Folge der feuchten Hitze das Trocknen der Platten nicht möglich ist, u die Gelatine schmilzt. Ich muß mir also diese Arbeit für Deutschland aufsparen. Nun lebt wohl, schreibt mir bald einmal wieder u behaltet lieb Euren treuen Sohn

Willy

Grüße an Gewister, Lötkemeyers, Papa Scheibe[199] natürlich, u alle Freunde!

Ternate den 28. Febr. 94.

Liebe Grete!

Gestern bin ich glücklich wieder von einer kurzen Expedition nach Halmahera zurückgekehrt, und zwar war ich im centralen Theile in Oba. Im ganzen bin ich 6 Tage ausgeblieben. Da ich glaube, daß es Dich interessieren wird einmal

[199] Kükenthals Schwiegervater, Gustav Scheibe.

genauer zu erfahren, wie es bei einer solchen Reise zugeht, so will ich Dir nun eine Kopie meines Tagebuchs dieser Reise in redigirter Form zugehen lassen:

„22/2.

Der Plan nach Oba zu gehen, kam mir erst, nach dem sich herausgestellt hatte, daß in Folge des starken Nordwindes der nördliche Theil von Halmahera nicht zu erreichen sei, während Oba viel näher an Ternate liegt. Herr Brans, (ein Kaufmann hier), dem ich mein Vorhaben zunächst mittheilte, bot mir sogleich seinen Mandor (Aufseher) an, der in Oba öfters gewesen ist. Ich betraute diesen zuverlässigen Mann mit der Besorgung einer Prau u. ging selbst an die umfassenden Vorbereitungen, da alles, Reisebett, Lebensmittel etc. mitgenommen werden mußte. Als am 22 ten Morgens die Prau, die vor meinem Laboratorium lag, damit bepackt wurde, ergab sich, daß nur noch sehr wenig Platz für die Menschen sei; ich selbst nahm auf meiner Habe Platz, die Ruderer griffen tüchtig aus, und bald wich der große Vulkan von Ternate zurück und wir gewannen die breite Meeresstraße, die Halmahera, die Mutter, von ihren Kindern, der Inselreihe Ternate, Tidore, Makian etc. trennt. Die See war spiegelblank, die mäßige Dünung des offenen Meeres schwellte fast unmerklich die Straße heran. Aus der einförmigen blauen Bergkette, als welche sich Halmahera von Ternate aus darstellt, lösten sich allmählich einzelne Berge heraus, nach einigen Stunden tauchte flaches, mit Cocospalmen bestandenes Vorland auf u. auf ihm lagen vereinzelte Hütten.

Die Landung ist schwierig, da die Dünung sich an dem sandigen Ufer in donnernde Brandung umsetzt. Ein paar Leute werfen sich ins Wasser u. erreichen schwimmend das Ufer, machen eine kleine Prau mit Auslegern klar und holen mich ab. Natürlich wird man dabei ebenso naß, als ob man direct ins Wasser geht. Stück für Stück wird noch das Gepäck durchs Wasser getragen. Dann die Prau herangeholt, dann mit vereinten Kräften auf den Strand gezogen. Ich war froh an Land zu sein, da ich 4 Stunden lang schutzlos dem glühenden Sonnenbrande ausgesetzt war, und mich inmitten meines Gepäcks nicht hatte rühren können. Nahe an unserer Landungsstelle lag eine verfallene Hütte, so windschief, daß sie mit Pfählen gestützt wurde, um sie vor dem Umfallen zu bewahren, das war mein Wohnhaus. Eine zahlreiche Familie, die darin hauste, mußte mir den größten Theil überlassen, u. zog sich in einen dunklen Verschlag zurück. Zunächst ließ ich den Raum gründlich säubern, mein Feldbett aufschlagen und das Moscitonetz darüber aufspannen, dann wurde etwas Brod und Corned Beef verzehrt, und ich wartete nunmehr auf den Häuptling, den der Prinz von Tidore voraus geschickt hatte, um mir zur Seite zu stehen. Da er nicht erschien, schickte ich einen Boten, mit der Aufforderung, sobald als möglich anzutreten. Darauf kam er, ein älterer Kerl, den Körper in einen merkwürdigen geflickten Frack gesteckt, dessen steifer hoher Kragen ihm die Ohren scheuerte. Ich machte ihn mit dem bekannt, was ich hier thun wollte, verlangte 4 Leute zu meiner Verfügung, und gab ihm, als er sich willig zeigte, einen Genever zur Belohnung, ein ganzes Weinglas voll, das er ohne eine [Mih] Miene zu verziehen auf einen Zug austrank. Mit dem Häuptling war noch eine [P] Art tidorischer Polizist gekommen, ebenfalls in Uniform einer schwarz u weiß gestreiften Jacke u gelben Hosen, die aber meist bis über die Kniee aufgerollt waren. Beide Leute haben über meine Sicherheit zu wachen, dürfen mich nicht verlassen u müssen ihr Lager vor meinem Raum in der Vorgalerie, die mit Gerümpel angefüllt ist, aufschlagen.

Um das Terrain etwas kennen zu lernen beginne ich gleich nachdem ich gegessen hatte, meine erste Expedition. [Auf] Ein schmaler Pfad windet sich in den Wald hinein, der auf einer weiten flachen Ebene steht, u. aus Busch mit einzelnen hohen Bäumen besteht. Anfänglich war der boden morastig, dann wurde er besser u grasbewachsene Stellen traten häufiger auf, diese Waldblößen waren belebt von einer großen Zahl prächtiger Schmetterlinge, von denen ich viele, darunter sehr schöne große fing. Von den herumfliegenden [Flü] Vögeln waren mir die meisten schon von Patani her bekannt, im Gebüsch saß regungslos ein prachtvoller blauer Eisvogel, den ich erlegte. Ein Wildschwein kreuzte unseren Weg, kam aber nicht schußgerecht.

Gegen Abend kehre ich zurück, schoß am Strande noch 2 ziemlich große schnepfenartige Vögel um mir Abendbrot zu verschaffen und verzehrte sie sammt gerösteten Kartoffeln in Salat /von/ einer Art Gurken mit gutem Appetite. Mein Johannes hatte den Raum ganz nett eingerichtet, es war ein Tisch dort, d. h. 4 Bambuspfähle waren in den Boden geschlagen u mit einer Holzplatte überdeckt. Kurz vor Schlafengehen trat ich noch einmal heraus, Im Vorraum lagen meine Leute, im ganzen 8 Mann u schliefen auf dem mit einer Matte bedeckten Fußboden vortrefflich. – Einen herrlichen Anblick gewährte ein großer benachbarter Baum, in dessen Zweigen zahllose Lichter fackelten, die in kurzen Intervallen erloschen um dann um so heller zu erstrahlen, es sind das eine Art Luciolen, Leuchtkäfer, die diese Illumination veranstalten. Hoffentlich werde ich die Nacht schlafen können, es giebt hier viele kleine „binatang"s Die Hauspolizei meldet sich mit prächtiger Stimme, eine Eidechse die Nachts auf Insectenfang ausgeht.

d. 23. Febr.

Die Nacht verlief leidlich, nur machten die Ratten einen Mordsspectakel, doch schlief ich ein paar Stunden. Kaum graute der Tag als ich die erste größere Expedition fertig stellte. Außer mir, dem Kommandeur, gingen mit der Häuptling, der Polizist, und 3 junge Leute. Meinen Jäger Mahmud nebst einem anderen Mann schickte ich weit ins Gebirge hinein, um dort zu jagen. Jeder meiner Leute hatte etwas zu tragen. Voran ging ein Mann mit einem großen Waldmesser, dann kam ich mit dem Gewehr, dem erstaunten Häuptling hatte ich eine Cyankalibüchse zum Töden von Insecten in die Hand gedrückt, ohne lange zu fragen, ob es sich mit seiner Würde vertrüge. Die anderen Leute trugen einen Rucksack, weite Spiritusflaschen u Schmetterlingsnetze. Die Wanderung begann mit der Durchquerung eines übelriechenden Sumpfes, der hinter den Hütten liegt, dann ging es schnell vorwärts in den thaufrischen Wald hinein, die Vogelwelt war sehr lebhaft, große Schaaren der hübschen rothen Loris flatterten zwitschernd in den hohen Bäumen, Tauben von denen es auf Halmahera eindrucksvoll gefärbte Arten giebt, girrten und dazwischen hörte man die tiefe Stimme der adlergroßen Jahrvögel, /die/ mit ihrem fußlangen aufgetriebenen Schnabel einen ganz grotesken Anblick gewähren.[200] Unser Marsch ging unaufhaltsam nach Osten zu, weil dort das gebirge am nächsten an die Küste herantritt. Nach 1½ stündiger schneller Wanderung in dem nur wenig ansteigenden Walde kamen wir an einen freien mit allerlei Nutzpflanzen besiedelten Platz in dem eine Hütte stand, Ein Alfure u sein Weib bewillkommneten uns u boten uns einen Trunk Sagoer (Palmwein) an. Ich trank von diesem angenehm säuerlichen Getränk, das in hohen Bambus stangen aufbewahrt wird, mindestens ½ Liter in einem Zuge, ohne die geringste Wirkung zu verspüren, während mein „Kapala" (Häuptling) einen ganz artigen Schwips bekam, Vor uns lag das steile Gebirge, das nach kurzer Rast in Angriff genommen wurde. Der Alfure wies uns den Weg, d. h. er ging voraus um mit dem Waldmesser einen Weg zu schaffen, denn jetzt kam dichter Urwald. Nur langsam ging es vorwärts, oft über Felsen kletternd dann unter gefallenen Bäumen hindurch oder über sie hinweg bis wir um ½ 11 Uhr, nach 4½ stünd. Wanderung den Gipfel erreicht hatten. Viel konnte ich nicht sehen, des dichten Waldes wegen der uns von allen Seiten umgab, doch erkannte ich, daß sich im Innern noch bedeutend höhere von unten bis oben bewaldete Bergzüge erstrecken. Oben machte ich kurze Rast und ließ die Leute suchen, sie brachten aber sehr wenig Thiere, da in dem dichten Wald das Thierleben rasch abnimmt.

Auf meine Veranlassung gingen wir nicht zurück, sondern in die Schlucht hinab, die tiefere Bergkette von der nächstfolgenden höheren trennt, der Abstieg war nicht

[200] Eine Abbildung in Brehm 1878, Vögel, Bd. 1, S. 284.

leicht, es war ein sehr steiler Abhang, so daß mehrmals große Felsblöcke sich ablösten und donnernd in die Tiefe stürzen. Leicht geräth man auf dem schlüpfrigen Waldboden ins Rutschen. Vergeblich sucht man nach einem Halt, man greift nach einem stattlichen Baum, der aber widersteht dem Anprall nicht, er neigt sich um und fällt mit in die Tiefe, wo endlich dichtes Lianen- und Dorngestrüpp einen etwas empfindlichen aber sicheren Halt gewähren. Am Boden der engen Felsenschlucht angekommen, suchten wir nicht ohne Erfolg nach Süßwasserthieren in dem Berggewässer das zwischen den Blöcken dahin rieselte. Merkwürdige garneelenartige Krebse mit sehr langen dünnen Scheeren sowie breite stark zwickende Krabben waren ziemlich häufig, /und/ rothe Wasserwanzen huschten geschäftig an der Oberfläche einher. Am Ausgange der Schlucht geriethen wir in ein Bambusdickicht, dessen abgestorbene[n] oft schenkeldicke[n] Stämme dichte Verhaue bildeten, durch die wir mit den Waldmessern eine Bresche hauen mußten, um weiter zu kommen; meine dünnen bunten Kattunhosen waren bald vollkommen zerfetzt, die Segeltuchschuhe nicht minder, und Wunde gesellte sich zu Wunde. Gegen 1 Uhr kamen wir in die Alfurenhütte zurück, die Leute todtmüde, mein „Kapala" konnte kaum noch kriechen. Nach einigem Aufenthalt marschierten wir zurück und kamen nach 9 stündigem Tagesmarsche wieder in der Hütte an.

Anscheinend nicht müde, verfiel ich doch sofort in meinem Stuhle in tiefen Schlaf, aus dem mich erst mein Johannes erwecken mußte, mit der Mittheilung, daß das Essen klar sei. Es gab Frankfurter Würstchen (natürlich in Büchse) Salat und frisches Brot, das Johannes vortrefflich gebacken hatte (auch dafür hatte ich Mehl, Form etc. mitgenommen) Whiskey-Soda, Rothwein und Thee wurden in schneller Aufeinanderfolge hinuntergegossen, um einigermaßen den Wasserverlust des Körpers zu ersetzen, dann ging es ans Conserviren und Ordnen der Beute, hierauf schoß ich vor der Thür mein Abendbrot, 2 Schnepfen, u fühlte mich ganz wohl.

Mein „Kapala" gefällt mir nicht besonders, er ist oftmals etwas palmweinbenebelt. Heute Abend quakten die Frösche in den nahen Sümpfen ich befahl, mir ein paar dieser Thiere zu bringen der edle Häuptling meinte aber, die Leute hätten dazu keine Lust, was mich zur Erwiederung veranlaßte, daß ich bis heute Abend 5 Frösche haben müßte, sonst würde ich dem „Taan Prinz" einen Brief schreiben. Das machte dem Burschen den Standpunct klar, u er war in der Folgezeit sehr gefügig. Er weiß, daß, wenn ich mich beim Prinzen beklage, er vielleicht todt geprügelt wird, denn im Reiche Tidore giebt es für alles Prügel.

d. 24./2.

Daß Oba sehr ungesund ist, war mir von Anfang an klar, als ich die Sümpfe sah, ich nahm daher gestern Abend -unl.- Chinin, konnte aber heute kaum auf den Beinen stehen, solches Schwindelgefühl stellte sich ein, doch als ich abmarschierte u in den frischen Wald kam, war ich bald wieder hergestellt. Dies mal nahm ich den Weg in südöstlicher Richtung, wobei wir einen breiten Fluß, der von den Bergen herab kommt, mehrmals kreuzten. Es war höchst erquickend in den kühlen Fluthen herum zu plätschern. Nach 4 stündiger Wanderung kamen wir an eine große Alfurenniederlassung. Es waren 2 Hütten vorhanden, in der einen ganz offenen hockten wohl 20 Männer, fast alle schöne schlanke Gestalten, nact bis auf einen schmalen Gürtel, mit schwarzem gelockten Haar und meist mit schwarzem Schnurrbart. Auf dem Kopfe trugen alle ein merkwürdig gefaltetes, [rothes] ziegelrothes Kopftuch. Die Weiber, die in der anderen Hütte weilten, sammt einer großen Kinderschaar waren viel häßlicher, nur eine von ihnen hatte ein feingeschnittenes Gesicht. Manche waren scheußlich, eine hatte ganz gräßlich verquollene Beine. In der Hütte der Männer stand ein langer Tisch, besetzt mit großen Torten, anscheinend aus Mais gefertigt u 3 schwarzen Schweinsköpfen, die mit Haut u Haar in den Rauch gehängt waren. Um die Schweine zu erlegen bedienen sie sich vorzugs weise jener Fallen, die das Wandern in Halmahera so gefährlich machen, da die scharfe Lanze, welche abgeschnellt wird, einen Menschen gerade so durchbohrt wie ein solches Thier. Mit ortskundigem Führer ist natürlich keine Gefahr vorhanden. Von dieser Ansiedlung aus begaben wir uns längs der Bergabhänge nordwärts zu. Auf einem etwas lichteren nur mit einzelnen Bäumen bestandenen Ort, traf ich eine ganze Anzahl der herrlichsten Schmetterlinge, besonders schön einen stahlblauen Schwalbenschwanz. Trotz der Mittagshitze jagten wir eifrig hin und her. Unangenehm ist die Wanderung durch ein Grasfeld, [ein] /welche/ sich hier und da zwischen den Bäumen vorfanden. Das brusthohe von der Hitze versengte und schwertscharfe Gras ist ganz glühend im Sonnenbrande, und vor der betäubenden Gluth kann man sich nur schützen durch ein großes Pisangblatt, das unter den Tropenhelm gelegt wird. – Am Nachmittag trafen wir endlich wieder in der Hütte ein.

Nach einiger Rast nahm ich ein paar Aufnahmen von meinem Hause u der Umgebung u ging dann an den Fluß, in dem ich Krebse u Fische fangen ließ. So lange noch Tageslicht herrscht bin ich draußen, wenn die Dämmerung herabsinkt und die untergehende Sonne mit rother Gluth die gewaltige Landschaft bestrahlt, die sich vor einem ausbreitet, sitze ich in meinem Stuhle vor der Thür, trinke meinen Whiskey-Soda u betrachte das herrliche Bild. Gegenüber liegen die steilen Pyramiden der Vulkane von Tidore und Ternate. Im Norden strecken die Riesenberge Halmaheras ihre stolzen Häupter gen Himmel, an absoluter Höhe den Montblanc übertreffend, an relativer aber doppelt so hoch, da sie fast direct vom Meere aus 15,000 Fuß hoch aufsteigen. Die Dämmerung ist kürzer als bei uns, aber [lang] die Nacht tritt doch lange nicht so unvermittelt ein als man vielfach in Reisebeschreibungen ließt. Punct 6 Uhr geht die Sonne unter, aber erst um 7 Uhr ist es Nacht.

Gräßlich langweilig ist die Nacht, sobald meine Notizen beendet sind, gehe ich zu Bette, wo sich leider der ersehnte Schlaf nicht einstellen will. Der Körper ist mit rothem Hitz ausschlag bedeckt, die unteren Extremitäten brennen wie höllisches Feuer von den vielen unsichtbaren Sandflöhen, und die Mistkerle setzen Stich neben Stich. So wälzt man sich auf dem harten Lager herum und erwartet mit Ungeduld das Tagelicht.

-25-

Heute Morgen wollte ich zunächst im Flusse fischen gehen, und bestellte einen Mann mit einem Fischnetz. Der Häuptling liebt solche Arbeit nicht und sagte es sei kein kleines

Fischnetz da. In großer Ruhe sagte ich ihm, daß mir das ganz gleich sei, ich müßte in 5 Minuten unter jeder Bedingung Mann u. Netz haben. Es dauerte noch nicht so lange als ich das gewünschte schon erhielt. Flußaufwärts wateten wir nun ein gutes Stück – ein herrliches Gefühl für meine zerstochenen Beine – und warfen endlich mit gutem Erfolge das Netz aus. An diesem Tage machte ich dann noch 2 kleinere Waldexcursionen, ohne sonderlich viel zu bekommen, und fühlte mich am Abend recht mißgestimmt. „Jetzt ist es 8 Uhr, schon über eine Stunde ist es draußen dunkel, u. ich bin mit mir allein. Die donnernde Fluth steigt höher u höher und aus den Sümpfen entwickelt sich ein infernalischer Geruch. Ich glaube Oba liegt schrecklich ungesund, u. ich will froh sein, wenn ich hier mit heiler Haut davon komme." So schließen meine Tagebuchaufzeichnungen an diesem Tage.

- 26/2.

Der Tag begann mit der Anfertigung einiger photographischer Aufnahmen, dann machte ich topographische Notizen und und brach darauf mit meiner Carawane auf, um aufs Neue zu sammeln. Heute hatte ich viel Glück, zunächst schoß ich 5 hübsche Vögel, darunter 3 prachtvolle Eisvögel, einer davon eine Tanisyptera mit den 2 langen Schwanzfedern, auch neun Schmetterlinge erbeutete ich. Die Schmetterlingsjagd kann recht aufregend sein, wenn man einem dieser blitzschnell fliegenden großen Falter nachjagt und es mit einem Schlage des Netzes glückt, ihn [sitzt] zu fangen. Schöne Landschnecken fanden sich auch vor, und auch die Käferausbeute war recht gut. Es giebt hier große, grüne Käfer von einem solchen Glanze, daß sie wie durchsichtige Smaragde aussehen, ich glaube daß es [s]ein sehr hübscher Schmuck für Damen ist. Von Spinnen fand ich neben vielen kleineren Arten eine ganz goldig glänzende, die mit ihren schwarzen Beinen etwa den Raum einer Theeuntertasse einnahm. Eidechsen in den verschiedensten Farben huschten umher und waren ebenfalls Gegenstand eifrigster Jagd. Viele hübsche Beobachtungen wurden gemacht u. erst am späten Nachmittag trat ich den Rückmarsch an. Das Brennen des Körpers nimmt so zu, daß ich kein Kleidungsstück mehr auf dem Körper dulden kann u. als Eingeborener mich kleide, d. h. mit nichts. Am Abend ließ ich die Prau fertig stellen, die mich zurückbringen soll,[te] dann legte ich mich ergebungsvoll auf mein hartes Lager um nach der letzten schlaflosen Nacht am anderen Morgen um 5 Uhr aufzu stehen und alles klar zur Abreise zu machen.

Am Mittag des nächst folgenden Tages war ich in Ternate zurück und damit war mein Ausflug nach Oba beendet. Die folgenden Tage verwandte ich zum Sortiren u Etikettiren der Sammlung, aber auch zur Erholung. Meine Wunden muß ich sorgfältig verbinden, denn hier in der Hitze heilen sie sehr schlecht, ein leichter Fieberanfall wurde sofort durch starke Chinindosis coupirt[201] u. jetzt fühle ich mich, nachdem ich den versäumten Schlaf nachgeholt habe, wieder so frisch wie zuvor.

[201] Kupieren: Einen Krankheitsprozess aufhalten oder unterdrücken.

5/3!

Mein Diener ist leider /nicht/ so gut weg gekommen wie ich, er liegt schon seit unserer Rückkehr fest an Fieber. Ich denke ihn aber wieder zu curiren. In der auf Oba folgenden Zeit habe ich wenig machen können, meine Wunden wollen nicht recht heilen trotz sorgfältigster Pflege und so bin ich an das Haus und mein Arbeitszimmer gefesselt.

8/3

Heute konnte ich zum ersten Mal wieder etwas gehen. Der Doctor hat mir einen neuen Verband gemacht und gefunden, daß die Heilung gut von Statten geht, in wenig Tagen hoffe ich [sorgf] vollständig wieder hergestellt zu sein.

Meine nächsten Pläne sind eine mindestens 2 monatliche Praureise um die ganze Nordhälfte von Halmahera, die ich vielleicht schon in 8 Tagen antrete. Du erhältst dann sicher vorher noch einen Brief, worauf dann ein längeres Stillschweigen folgt. Es kann sich vielleicht machen, daß ich von Galela aus mit einer zurückkehrenden Prau einen Brief zur Weiterbeförderung nach Ternate schicken kann, aber sicher ist das nicht. Wenn ich diese große Reise glücklich beendigt habe, so brauche ich nur noch auf 3 bis 4 Wochen nach Batjan zu gehen und alles ist beendet und ich kann mich zur Heimreise rüsten.

9 März

Soeben ist der Postdampfer eingetroffen einen Tag früher als wir ihn erwarteten. Ich habe mich sehr gefreut gute Nachrichten von dir und den Kindern zu haben. Was Berger betrifft, so sollte ihn Römer zum Teufel jagen, es wird aus ihm doch nichts, bei einer solchen Mutter. Nun lebe für heute wohl und behalte lieb

Deinen getreuen Willy

5.[202] Soa Konorra[203] d. 4/ 4. 94

Meine liebe Grete!

[Vielleicht findet sich bald eine Gelegenheit diesen Brief nach Ternate zu befördern, und ich will mich daher heute hinsetzen um Dir einmal ausführlicher zu schreiben. Die beiliegenden 8 Seiten bitte ich an Oberlehrer Blum, Frankfurt a/M, Reuterwg 51 zu senden, wenn Du sie durchliest, wirst Du ein ungefähres Bild von meinem Schicksal erhalten. Für Dich speziell möchte ich noch diesen Brief beifügen.[204]]

Mir geht es ganz ausgezeichnet. Gesundheit die allerbeste, ein ungewöhnlich starker Appetit und nur eines fehlt mir, das bist Du und die Kinder. Unbedenklich würde ich Euch zusammen hier haben können. Das Klima ist ganz vortrefflich, unser geräumiges Haus liegt zwanzig Schritte von dem entzückenden See mit seinen waldigen Ufern, von Hitze spüre ich sehr wenig, im Zimmer steigt die Temperatur nicht über 28° C und sinkt des Nachts auf 25°. Auch vor den Leuten hättet Ihr Euch nicht zu fürchten, es sind harm-

[202] Seite 1–4 fehlen. Sie sind wohl an Oberlehrer Blum weitergeschickt worden.
[203] Im Norden von Halmahera.
[204] Bis zu dieser Zeile ist der Text durchgestrichen.

lose Naturmenschen, ganz anders wie die Malayen. Wenn man sie freundlich behandelt, ihnen aber nichts durchgehen läßt, so sind sie etwa artigen Kindern zu vergleichen. Schrecklich neugierig sind sie freilich, ich habe ihnen den Zutritt ins Haus verbieten müssen, und nun hocken sie in der Hintergalerie, oft in ganzen Schaaren um zu sehen was der „große Herr" macht.

Von ihrer Sprache verstehe ich natürlich noch kein Wort, sie hat mit dem malayischen gar nichts gemein, glücklicherweise kann mein Junge sich mit ihnen verständigen; mein Verkehr mit ihnen besteht darin ihnen freundlich zuzulächeln, was freudig erwidert wird, oder einen Säugling auf den Kopf zu tätscheln zum höchsten Entzücken der Mutter. Die Männer und Jungen liegen den Tag über im Walde um „Viecher" zu fischen, und bringen mir so viel, daß ich mit Auswahl sammeln muß. Von Schlangen nehme ich nur noch neue Arten, sie sind so massenhaft hier, daß man Legionen bekommen kann. Die meisten sind wohl ungiftig, wenigstens fassen die Leute alle ohne Weiteres hinter dem Kopfe an.

Frühmorgens ½ 6 Uhr stehe ich auf, gehe in mein Badehäuschen nebenan und nehme ein erquickendes Bad. Das ist nun freilich nur ein einfaches Uebergießen mit Wasser, anders badet man aber in Indien[205] überhaupt nicht, der herrliche See, der so zum Baden verlockt, birgt große Krokodile, die sich einen weißen Mann wohl schmecken lassen würden. Dann frühstücke ich; Thee, kaltes Fleisch (z. B Gänseleberpastete od. andere Conserven) und

205 Indien: Einer der zeitgenössische Name für den Malaiischen Archipel zurzeit von Kükenthals Reise: Niederländisch-Indien. Siehe Exkurs „Der Malaiische Archipel."

Früchte, kindskopfgroße Apfelsinen und die so geliebten Pisang[206] u dann geht es auf die Jagd oder vielmehr auf den Fang. 3 halbwüchsige Jungen begleiten mich, einer trägt das Schmetterlingsnetz, ein zweiter die Spiritusflasche, ein dritter eine Blechbüchse, wo hinein lebende Thiere gethan werden, So ziehen wir in der Morgenfrische aus. Zunächst ist die Gegend angebaut, Hütten liegen inmitten von Feldern, Giseng beschattet, einzelne Baumgruppen treten auf, noch überwiegt aber das hohe Kussu-Kussu Gras. Nach einiger Zeit treten wir in den Wald ein, mit seiner unbeschreiblich üppigen Vegetation. Auch hier führen schmale Pfade weiter. Die Sonne brennt heißer, und die Kühlung des Waldes ist höchst angenehm. Besonders ergiebig wird der Fang an Waldblößen, da werden alte Baumstämme umgewälzt, Schlangen u Tausendfüße gefangen, da giebt es prächtige Käfer, besonders Bockkäfer mit ihren langen Fühlhörnern, und in der Luft wirbeln die buntfarbigen Schmetterlinge. Da wird fleißig gefangen, bis es Mittag wird und der Rückmarsch angetreten werden muß. Inzwischen hat mein Johannes das Mittagbrot bereitet, Vögel gebraten oder Conservenblech geöffnet, und hierauf folgt eine köstliche Siesta. – Am Nachmittag trifft mein Jäger und der ihn begleitende Sammler ein, dann werden die Thiere gemustert u etikettirt, oder ich unternehme eine Bootfahrt über den See, zu unserem vis-a vis, dem alten Missionar van Dyken. Ich habe selbst ein eigenes kleines Boot aus einem ausgehöhlten Baumstamm gefertigt mit zwei Auslegern von Bambu.

[206] Pisang: niederl.: Banane.

Morgen früh werde ich eine größere Tur ins Innere unternehmen, bis zu der Wasserscheide der Westküste. Es geht da hoch die Berge hinauf, oben muß ich mindestens eine Nacht im Freien biwakiren, was aber ganz gut geht, da ich Wolldecken habe. Ich hoffe da manches Neue zu bekommen. Nach Ternate werde ich erst in 3 bis 4 Wochen zurückkehren, da es hier noch viel zu thun giebt

Was mir recht sehr fehlt, sind Nachrichten von Euch Lieben, ich bin von der Welt so abgeschnitten, als ob ich im dunkelsten Afrika läge. Wenn eine Prau von Ternate nach Galela abgehen sollte, so habe ich Sorge getragen, daß meine Briefe mitgesandt werden. Ich hoffe aber zuversichtlich, daß Ihr alle wohlauf seid, Nun sind wir ja nur noch die wenigen Sommermonate getrennt. Wenn Ihr brav gewesen seid, bringt Euch der gute Vater auch etwas sehr schönes mit, eine ganze große Kiste voll, da werdet Ihr Augen machen. Für mich selber habe ich auch hübsche ethnographische Sachen erworben, Waffen der Alfuren, ihre aus Baumrinde gefertigten Kleider u anderes mehr.

den 9ten April

Mein Vorhaben habe ich glücklich ausgeführt, mit 7 Alfuren begab ich mich ins Gebirge. Auf einer Höhe von 2200 übernachteten wir zweimal im Wald. Bitter kalt u strapaziös, aber sehr lohnend. Die 3 Tage werden mir unvergeßlich bleiben. Jetzt sitze ich wieder zu Hause, d. h. in Soa Konorra, mache kleinere Turen, beobachte u sammle.

Mit großer Mühe habe ich 3 sehr merkwürdige Thiere bekommen, fliegende Eichhörnchen die auf den Cocospalmen leben, sie sitzen in Kisten u werden erst nachts lebendig.

Endlich ist es mir auch geglückt einen Alfurenschädel[207] zu erwerben. Eine große Kostbarkeit! Es ist tiefstes Geheimnis, denn die Todten werden von den Alfuren für heilig erklärt. Ich denke in etwa 14 Tagen aufzubrechen um über das Nordkap von Halmahera nach Ternate zurückzukehren.

{nach dem 9. 4. 94}

Beifolgender mit Bleistift (Tinte hatte ich nicht) geschriebener Brief endigt am 9. April.[208] In den folgenden Tagen lebte ich in derselben Weise unverändert fort, sehe gelegentlich über den See zu den prächtigen Leuten, den v. Dykens, wo es immer abends gutes zu essen gab und rüstete mich am 23ten zur Abreise. Inzwischen hatten sich im nahen Tobello unheimliche Geschichten ereignet, 2 Leute waren ermordet worden und es drohte ein allgemeiner Krieg. Es war daher so schnell wie möglich nach Ternate geschickt worden um das Gouvernementsschiff mit dem Residenten zu holen. Dieser kam an demselben Tage an als ich abreisen wollte, ich blieb auf Einladung des Kapitäns noch den ganzen Abend an Bord und trat meine Reise erst am nächsten Morgen an. Es war eine kleine Prau, die ich gemiethet hatte, bemannt mit 7Alfuren; die Rückreise erfolgte längs der Nordküste

[207] Insgesamt bringt Kükenthal drei Alfurenschädel mit nach Deutschland (Kükenthal 1896a, S. 199; vgl. auch Abb. 15). Auf eine Anfrage bei der Senckenberg Gesellschaft für Naturforschung, ob die mitgebrachten Alfurenschädel sich dort befinden, teilt am 9.12.2016 Prof. Dr. Friedemann Schrenk bezüglich zweier Schädel mit: „Diese sind in der Abteilung Paläoanthropologie des Senckenberg Forschungsinstituts in Frankfurt mit folgenden Sammlungsnummern inventarisiert: SMF/PA/HS 53, SMF/PA/HS 54.“ Zur Problematik des Erwerbs und Transports dieser Schädel: siehe Einleitung.

[208] Der erwähnte Brief, S. 5–8, ist datiert auf den 4.4.94. Die Datierung der S. 9–12 wird demzufolge mit {nach dem 9.4.94} vorgenommen.

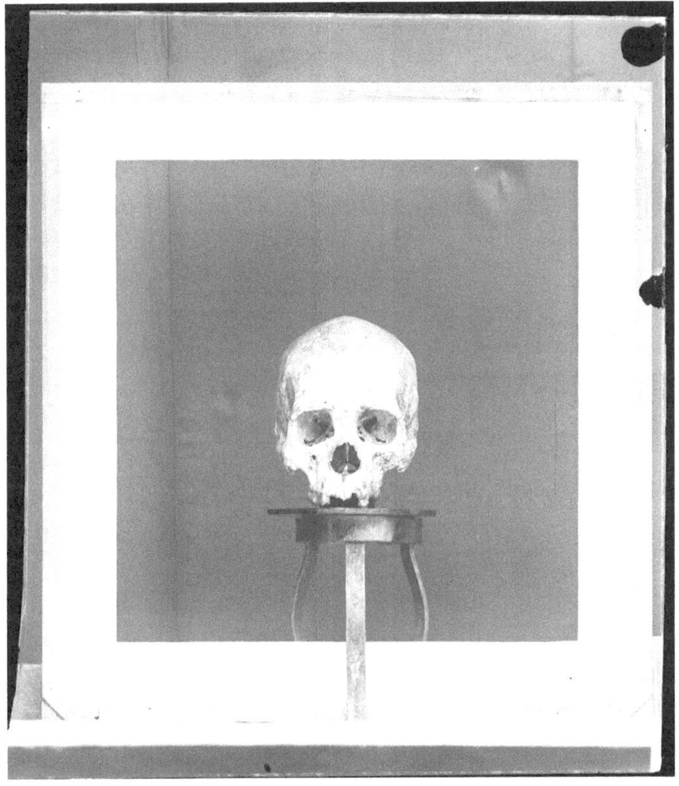

Abb. 15 Alfurenschädel von Halmahera. (HBSB MfN ZM_B_VI_0811)

um ganz Halmahera herum, und war reich an Wasserfällen aller Art. Gleich im Anfang wären wir fast gekentert, da die Prau sehr schlecht geladen war. Da wir wegen Gegenwind wenig segeln konnten, so ruderten die Leute meist Nachts, während wir tagsüber uns an irgendeiner Stelle des Sundes aufhielten. Hier machte ich dann größere und lohnende Touren, meist bergauf. Unter anderem erlebte ich folgendes Abenteuer. Nur von einem Jungen begleitet kletterten wir an einer bewaldeten Bergwand entlang, als ein Junge einen entsetzten Schrei ausstieß und zurücktaumelte. Unmittelbar vor ihm erhob eine Riesenschlange ihr mächtiges Haupt. Im selben Augenblick war schon mein Gewehr an der Backe, ein Schuß und anscheinend leblos sank das Thier zurück. Es war eine Python, die ich erlegt hatte, ein Thier, das auf Jagd nach Hirschen und Schweinen geht. Trotzdem es ein junges Exemplar war, hatte es doch schon 4 m Länge u war so schwer, daß der Transport sehr mühevoll wurde. Es kam übrigens wieder zu sich und machte das Tragen dadurch um so lästiger. Mein Gewehr, das ich zwischen den sich windenden Körper steckte, umspannte es so fest, daß ich nicht im Stande war, es aus der Umschlingung wieder heraus zu ziehen, und erst durch Aufstemmen der Füße auf das Thier gelang es mir. Eine große Spirituskiste füllte es vollkommen aus. Noch mancherlei erlebte ich auf dieser Fahrt, was ich Dir später alles berichten werde. Das Wetter wurde ungünstiger. Nachts fiel schwerer Regen, der durch das Vordeck meiner Hundehütte, in der man nur kriechend sich bewegen konnte, drang und meine Lagerstatt durchnäßte. Der Proviant war fast völlig zur Neige gegangen, seit Tagen schon ernährte ich mich von den Körpern der Vögel die ich schoß. Nach 7 Tagen waren wir an den Fuß der Riesenberge gelangt, von denen ich einen zum Theil bestieg. Ihre Höhe wird auf 4800 bis 5000 meter angegeben, sie steigen direct aus dem Meere auf, ein grandioser Anblick. Endlich am 9ten Tage war der Wind günstig, er wuchs zum Sturme, mit dem wir, vor dem Winde segelnd in wenig Stunden in Ternate eintrafen. Hier hießen mich meine Bekannten herzlich willkommen u mit welchem Hochgenusse ich an den Freuden der hier so bescheidenen Civilisation theilnahm kannst Du Dir denken. Nach 7 Wochen zum ersten Mal wieder in einem Bette geschlafen! Ein herrliches Gefühl. Morgen oder uebermorgen kommt das Postschiff hoffentlich wieder mit guten Nachrichten von Euch.

Und nun noch einige Worte zu Dir allein, mein Schatz! Wie sehr ich mich nach Dir und den Kindern sehne, kannst Du Dir wohl denken. Du hast doch in Jena und jetzt in Coburg noch immer Zerstreuung, ich aber sitze hier ganz allein, und unzählige Male schweifen meine Gedanken zu Dir. Die Freude des Wiedersehens wirft jetzt schon einen schwachen Abglanz auf mein Leben. Daß die Häckelfeier[209] so hübsch verlaufen ist freut mich sehr, ich hätte wohl dabei sein mögen. Die Ankunft meines Telegramms freut mich, ich hatte es in Buitenzorg dem Dr. Treub aufgetragen, der es richtig besorgt hat.[210] Es ist sehr vernünftig von Dir, daß Du wieder in Gesellschaften gehst. Hoffentlich können wir das nächsten Winter wieder zusammen thun. Von nun an richte Deine Briefe nicht mehr nach Batavia, sondern nach Singapore, [poste restante]. deutsches Konsulat. Ich werde nämlich bereits am 30 Juni von hier abreisen, nachdem ich noch einmal die Insel Batjan besucht habe. Von Singapore aus gehe ich noch auf 4 Wochen nach Sumatra, dann am 26. August auf das Schiff und nach Hause. In Genua werde ich entweder am 22 September, oder wenn es angeht,

[209] Haeckels 60. Geburtstag am 16. Februar 1894.
[210] Siehe Fußnote zum Brief vom 16.2.1894.

daß ich in Ceylon[211] noch 14 Tage bleibe, am 6 October eintreffen. Doch erhältst Du darüber noch genauere Nachricht. Eben erhielt ich Deine beiden Briefe vom 3 u 10 März Hoffentlich geht alles weiter so gut. Nun lebe wohl, die herzlichsten Grüße an Alle und tausend Küsse von Deinem treuen Bill.

Ternate den 3. Mai 94.

Mein liebes Weib!

Endlich bin ich nach einer abenteuerlichen Reise im Inneren von Halmahera glücklich wieder im sicheren Hafen angelangt, mit Schätzen aller Art reich beladen, und trotz aller Strapazen in blühender Gesundheit wenn auch um etwa 15 Pfund leichter. Während dieser langen Zeit war es mir nicht möglich Dir Nachricht zukommen zu lassen, dagegen war ich so glücklich Deine Briefe bis zum Ende Februar datirt zu erhalten, was mir in meiner Einsamkeit als einziger Europäer unter den „wilden" Alfuren nicht wenig willkommen war. Niemals noch ist das Heimweh in mir so wach geworden als in diesen Tagen.

Nun willst Du gewiß erfahren wie es mir während der 7 wöchentlichen Fahrt ergangen ist! Also höre zu. Am 15 März schiffte ich mich auf einer kleinen Prau zusammen mit dem Posthalter von Galela (Nord Halmahera) ein und noch am selben Tag erreichten wir bei Dodinga die gegenüber liegende Küste, durchquerten zu Fuß die Landenge u

[211] W. K. geht am 15.9. in Singapur auf das Schiff, legt einen Zwischenstopp in Colombo ein und kommt am 23.10.94 in Genua an.

fanden auf der Ostseite die große Segelprau des Posthalters vor Anker liegen. Mit dieser ging es nordwärts die erste Station wurde in Kau gemacht. Ein mächtiges Flachland dehnt sich hier aus, erst in blauer Ferne erscheinen im Westen niedrige Höhenzüge. Das Land ist stark bevölkert, u zwar theils von Malayen, theils von Alfuren. Eine schmale zone von Cocospalmen zieht sich längs des Strandes, dahinter liegen die ausgedehnten Sümpfe, die das Land zu einer der gefährlichsten Fiebergegenden machen. Da ich es mir zur Regel gemacht hatte, kein Wasser zu trinken sowie jeden Tag nach Sonnenuntergang an Bord der Prau zurückzukehren, kam ich ohne jeden Fieberanfall davon, während mein Jäger sowie einige Leute der Mannschaft gleich am ersten Tage erkrankten.

Von den Eingeborenen drohen keinerlei Gefahren nur muß man sich zur Bedingung machen von den „Orang Slam" den Malayen Halmaheras niemals etwas zu genießen, auch nichts was mit der Hand eines Eingeborenen in Berührung kommt. Die Leute arbeiten nämlich sehr stark in Giften u wählen mit Vorliebe Fremde als Versuchsobjecte, um deren Wirkung zu erproben. Die Warnung ward mir von mehreren Seiten zu theil und ich habe sie streng befolgt. Südlich von Kau mündet ein großer Fluß ins Meer, der größte Strom Halmaheras und diesen beschloß ich zu befahren. Eine kleine Ruderprau war bald gefunden, es wurden ein Häuptling und 11 Ruderer mitgenommen, und die Fahrt angetreten. Man hatte mir vorher in Ternate von dieser Fahrt abgerathen, da die dortigen Alfuren sehr „wild" seien; ich fand aber nur nette angenehme Leute unter ihnen.

In Folge starker Regengüsse war der Fluß geschwollen und reißend und meine Leute mußten sich oft sehr anstrengen um vorwärts zu kommen. An seiner Mündung, sowie einige Kilometer weiter aufwärts hatte der Strom die Breite des Mains bei Frankfurt. Die steil eingerissenen Ufer waren bewaldet und zeigten das prachtvolle Bild eines tropischen Flußufers mit seinen überhängenden Palmwedeln, den graziösen Büscheln der Bambusen und hoch darüber in der Luft wiegend dem Hochwald. An einer angeschwemmten flachen Stelle lag friedlich ein Krokodil, das aber verschwand, ehe ich zum Schuß kommen konnte. Erst spät am Abend kamen wir in die erste größere Ansiedlung, ebenfalls Kau genannt. Die Häuser standen auf hohen Pfählen und waren nur durch eine Leiter erreichbar. Ich bezog den freien Vorderraum eines solchen Hauses und machte es mir nach Möglichkeit behaglich. Ein Scolopindra morsitans[212], den ich noch im letzten Augenblick erwischte, als er im Begriff war sich an mir herauf zu schlängeln hätte das beinahe vereitelt. Er wurde von meinem entrüsteten Jungen ehe ich es hindern konnte, zu Brei zerschlagen. den Luxus eines Bettes habe ich natürlich während meiner ganzen Reise nicht gehabt, nur eine einfache Unterlage, sowie den von Dir so hübsch gefertigten Moskitofvorhang, sowie meine Gummiluftkissen.

Früh am Morgen brach ich wieder auf um einen großen Nebenfluß weiter aufwärts zu fahren. Hier entfaltete sich eine Ufervegetation von beispielloser Ueppigkeit; oft bilden die Bambusen an beiden Seiten dichte Laubgänge, unter de-

[212] Linnaeus (1758): *Scolopendra morsitans*; Hundertfüßer. Siehe auch die Briefe vom 23.11. und 12.12.1893.

nen unsere Prau durchglitt, ein paar Mal mußten wir uns auch erst den Weg zu Wasser mit den Waldmessern bahnen.

Am Nachmittag erreichten wir das Endziel unserer Fahrt, ein großes Alfurendorf. Die merkwürdig gebauten Häuser standen im Kreise um ein großes allseitig offenes Gebäude, in dem die gemeinsamen Mahlzeiten abgehalten werden Photographische Aufnahmen wurden gemacht, Kleider aus Baumrinde u andere ethnographische Merkwürdigkeiten gekauft und zoologisch manches gesammelt. Auch den nächsten Morgen setzte ich diese Thätigkeit fort und erst am Abend kehrten wir, von der reißenden Strömung rapid abwärts getrieben, zurück zum Meeresstrande. Noch ein paar Tage verweilte ich hier und benutzte die Zeit zu Streifzügen, dann segelten wir weiter nach Tobello.

Die Alfuren dieser Gegend stehen in sehr üblem Rufe. Frühere Piraten, haben sie jetzt noch kriegerische Gewohnheiten, und selbst als ihre Niederlassung im Jahre 1876 von den Holländern verbrannt wurde, hat es die Leute noch nicht zu zähmen vermocht. Die Sitte des Kopfabschneidens ist noch in vollem Schwange, erst vor 6 Monaten geschah dies mit einem ternateeischen Händler.

Ein Jüngling erlangt erst dann volles Ansehen, wenn er einen Menschen getödtet hat. Gegen mich waren die Leute sehr freundlich, ich bin mit einer großen Anzahl von ihnen Stunden weit in den Wäldern herumgestreift, stets allerdings die geladene Flinte in der Hand, und habe gute Ausbeute gehabt. Am 27. März kamen wir endlich in Galela an.

Da ich mit dem Posthalter sehr unzufrieden war – der Kerl war ein ormglatter[213] Schweinehund – so so war ich sehr froh, daß einer der beiden holländ. Missionare aus dem Inneren, der die Heimreise antrat, mir sein Haus für die Zeit [so] meines Aufenthaltes anbot. Schon am nächsten Morgen brach eine Karawane von Trägern nach dem großen Süßwassersee auf, wo mich eine Prau aufnahm und an den Ort meiner Bestimmung führte.

Hier in dem verlassenen Hause zu Soa Konorra richtete ich mich so gut es ging ein und damit Du siehst in welcher Stimmung ich mich damals befand, schicke ich den beifolgenden Brief, den ich damals schrieb, in der Hoffnung einmal Gelegenheit zu finden ihn abzusenden. Leider verwirklichte sich das nicht und so erhältst Du ihn erst jetzt. (Fortsetz. Seite 5.)[214]

Batjan Brangkadollon den 30/5 94

Mein lieber Schatz!

In ein paar Tagen kommt hier wieder ein Postschiff durch, und mit ihm will ich Dir wieder ausführliche Nachricht zukommen lassen. Wie ich Dir schon vor 14 Tagen auf einer Postkarte schrieb, befinde ich mich auf einer Plantage in Batjan. Diese Plantage, auf der hauptsächlich Kaffee gebaut wird, gehört einer holländischen Actiengesellschaft, an der Spitze der Verwaltung steht der Administrant Herr Ohlen-

[213] Ormglatter: norw. *orm*: Schlange.
[214] Siehe obenstehenden Brief: Soa Konorra, 4.4.94.

dorff, ein noch junger Deutscher, dessen Eltern in Eisenach leben.

Batjan ist, wie Du auf der Karte ersehen wirst, eine Insel südwestlich von Halmahera, ihre Einwohnerzahl ist sehr gering. Nur eine Ortschaft findet sich vor, Labuahr, in der auch der einzige Regierungsbeamte ein Controlleur wohnt. 400 Fuß über diesem Orte beginnt unsere Plantage, die sich an der Berglehne noch ein paar hundert Fuß höher hinauf erstreckt.

In vollkommener Einsamkeit liegt das große Haus, welches wir bewohnen, das aber recht comfortabel eingerichtet ist. So erfreuen wir uns u. a. des Luxus eines guten Billards. Von hier aus unternehme ich nun größere oder kleinere Excursionen. Oefters reite ich nach der See herunter um eine Bootfahrt zu machen und marine Untersuchungen anzustellen, andere Tage treibe ich mich an den Abhängen des 6000 Fuß hohen Gebirgskammes herum, im dichten Urwald, um Paviane zu schießen. Das ist nicht so leicht als man denkt. Die Thiere sind zum Theil mächtig groß und flüchten so schnell in die Baumwipfel, daß es oft mehrerer Kugeln bedarf, sie herunterzuholen. Bis jetzt habe ich 13 geschossen. Es ist eine abscheuliche Schlächterei die verwundeten Thiere geberden sich gerade so wie Menschen. Noch immer habe ich kaum Embryonen erhalten können. Kuscus, kletternde Beutelthiere habe ich ebenfalls eine Anzahl erlegt. Außerdem ist noch ein Jäger in meinem Dienste, der Vögel zu schießen hat, ferner ein ausgezeichneter Schmetterlingssammler, ein Sammler von anderen Insecten und mein Hausjunge Johannes, so daß ich über eine kleine Truppe verfüge.

Von den 650 Javanen, die auf der Plantage thätig sind erhalte ich auch mancherlei. Ein paar Tage nach meiner Ankunft machte ich auf dem kleinen Dampfboot, welches der Gesellschaft gehört, einen interessanten Ausflug nach den Obieilanden zusammen mit dem Controlleur. Wir gingen auf Menschenjagd. Ein gräßlicher Mord war auf dem von bösen Kerlen bewohnten Obi major begangen worden, indem 4 tidorische Fischer überfallen und abgeschlachtet worden waren, nur ein kleiner Junge entkam, schwerverwundet, und mit seiner Hülfe wurden die Mörder, 6 Alfuren von Kau (Halmahera) entdeckt. Wir setzten ihnen nach, konnten die Kerle aber nicht fangen, da sie mittlerweile auf einer kleinen Prau weggesegelt waren, wahrscheinlich nach Ceram. Am Ort der That stellten wir fest, daß als Motiv nur Blutgier anzunehmen ist, oder vielmehr die alte Alfurensitte des Kopfjagens. Ein Jüngling wird nur zum Mann, wenn er einen Mord begangen hat. Bei dieser Gelegenheit lernte ich etwas von dem fast unbekannten Obi kennen. Auch ins Innere von Batjan bin ich gekommen, indem ich eines Tages in einem Kanoe flußaufwärts fuhr, zuletzt kamen wir in einen Sagopalmenwald von bedeutender Ausdehnung. Krokodile im Wasser, Affen u Kuscus in den Bäumen machten die Thierwelt aus.

Vergnügungen giebt es hier nicht, ein Tag vergeht wie der andere, still und arbeitsam. Andere Menschen sehe ich nur wenn ich bergabwärts nach Labuahr reite, hier finden sich noch 2 Europäer, der Controlleur und ein Dammarhändler[215], letzterer mit europäischer Frau, die aber viel fieber

[215] Dammarharz: „ein schwach aromatisch riechendes Harz der hauptsächl. auf Sumatra wachsenden Gattung Shorea der Flügelfruchtgewächse; medizinisch zu

krank ist. So ungesund Batjan am Meeresstrande ist, so gut lebt es sich hier oben am Berge. Nachts ist es so kühl, daß ich mich mit einer wollenen Decke zudecke.

Nun werde ich nicht mehr lange in den Molukken verweilen. Am [30.] 11. Juni gehe ich nach Ternate zuück, um Ende des Monats nach Singapore[216] zu fahren, von wo ich wahrscheinlich 4 Wochen nach Borneo (vielleicht Sarawak) gehe, um dann die Heimreise anzutreten. Meine Aufgabe ist so ziemlich vollständig gelöst. Halmahera u Batjan untersucht, und mit den mitgebrachten Sammlungen kann das Frankfurter Museum zufrieden sein. Der Gedanke bald wieder nach Hause zu kommen, beherrscht mich jetzt vollständig. Was ich in dieser Zeit alles entbehrt habe, ist für einen anderen kaum zu verstehen. Familie, Heimat, ja sogar die Sprache habe ich aufgegeben um mein Ziel zu erreichen. Wie werde ich mich freuen einmal wieder in Deutschland zu sein, Deutsch zu hören und zu sprechen; Und erst wenn ich Euch Lieben wiedersehe! Du weißt, mein Schatz, wie sehr ich Dich liebe, wie Du mein Alles bist, und nun der Gedanke, Dich in so kurzer Zeit wieder sehen zu können! Und auch die Kinder! Was für Fortschritte werden sie gemacht haben! Ich hoffe nur, daß Lotte mich nicht vergessen haben wird. Wenn ich komme wirst Du wohl noch in Coburg sein? Ich denke dann von Genua über Mailand nach München nach Coburg zu fahren und dort noch einige Tage zu verweilen. Entweder komme ich Ende September, oder etwa am 10. Oct.[217] Nun lebe wohl mein geliebtes Weib, gieb

Pflastern, auch als Bindemittel für Lacke u. a. verwendet." Wahrig 1980, Spalte 843.

[216] Siehe Fußnote zum Brief aus Ternate vom 3.5.1894.

[217] Siehe Fußnote zum Brief aus Ternate vom 3.5.1894.

den Kindern einen Kuß, grüße die Eltern und Geschwister u behalte lieb

Deinen Willy

Celebes Menado d 15/Juni

Lieber Schatz!

Du wirst Dich wohl wundern mich so plötzlich nach Celebes versetzt zu sehen. Das kam folgendermaßen. Als in Batjan das Schiff erschien welches mich zurück nach Ternate bringen sollte, traf ich auf ihm einen früheren Schüler von mir an, Dr. Adensamer[218] aus Wien, ein prächtiger Mensch. In Ternate angelangt faßten wir den plötzlichen Entschluß gleich mit demselben Schiffe weiterzufahren. In den 24 Stunden Aufenthalt mußte nun alles geregelt u an Bord befördert werden, circa 30 Colli, dann mußte ich noch Geldgeschäfte regeln, Abschied nehmen etc. Kurzum es war ein heißer Tag.

Von Ternate fuhren wir nach Gorontalo auf Celebes, wo wir wieder einen Tag blieben, und dann an einem herrlichen Ufer entlang um das Nordkap von Celebes herum nach Menado. Hier bleiben wir nun 20 Tage, bis der nächste Dampfer uns weiter bringt. In ein paar Tagen gehen wir ins Innere der Minehassa, wie dieser Landstrich heißt, nach

[218] Theodor Adensamer (1867–1900) tritt im Herbst 1893 eine Tropenreise nach Java, Sumatra, Celebes und den Molukken an. Er verbringt anschließend zwei Monate in Japan und reist von dort über Amerika nach Wien zurück. www.zobodat.at/biografien/ANNA_16_1901_0059-0060_Adensamer_Theodor.pdf 29.12.2016.

Tondano, um daselbst die beiden Dr. Sarasin[219] aus Berlin zu treffen, die schon seit Jahresfrist hier weilen.

Mein Gesundheitszustand ist ganz vortrefflich, und wird hoffentlich auch so bleiben bis ich zurückkomme. Nun eine Frage! Hast Du denn mein Weihnachtsgeschenk von Ceylon nicht bekommen, eine große goldgestickte indische Decke? Gieb mir doch bitte Antwort nach Colombo, Ceylon, deutsches Consulat.

Deine Briefe, die leider oft sehr kurz sind, habe ich alle pünctlich empfangen Du kannst kaum glauben, welche Freude mir eine Nachricht von Euch macht. An Häckel habe ich bereits 3 mal geschrieben,[220] ebenso an andere Jenenser. Ich begreife nicht, daß die Briefe nicht angekommen sind! Auch an Blum[221] ist ein sehr wichtiger Brief verloren gegangen. Letzterer hat mir neulich einen sehr netten Brief geschrieben, er hat sich sehr über meine Erfolge auf Halmahera erfreut. Von meinen Thieren sind leider einige gestorben, so 2 Zibethkatzen, 1 Beutelthier, dagegen erfreut sich „Lotte“ mein Kakadu bester Gesundheit, ebenso „Meyer“ der Casuar, u die große Antilope. Wo ich von Celebes hingehen werde, weiß ich noch nicht sicher, möglicherweise

[219] Paul Sarasin (1856–1929) und sein Vetter 2. Grades Fritz Sarasin (1859–1942) werden von Kükenthal 1896b im zweiten Teil seines Reiseberichts: Wissenschaftliche Reiseergebnisse, Bd. II, S. 1. zitiert mit ihrer Veröffentlichung „Ergebnisse naturwissensch. Forschung auf Ceylon, B. I, Heft 1, Wiesbaden 1887“.

[220] Im Archiv des Ernst-Haeckel-Hauses in Jena befinden sich folgende Briefe: Singapore d. 20 Nov 93, Ternate den 16 Febr! {1894}, sowie das Telegramm von Kükenthal/Treub an E. Haeckel, Buitenzorg, 16.2.1894: Gratuliren. Siehe Fußnoten zum Brief vom 16.2.1894 an E. Haeckel und {nach dem 9.4.1894}.

[221] Oberlehrer Blum, der Vertreter der Senckenbergischen Gesellschaft, mit dem W.K. zu Beginn der Reise in Frankfurt verhandelt, s. Brief: Frankfurt a. M. den 19. Oct. 1893.

ist nach Borneo kaum gute Verbindung u. ich würde dann nach Ostjava gehen. Viel arbeiten werde ich nicht mehr, 6 Monate habe ich mich aufs äußerste angestrengt, nun will ich auch noch etwas in Muße reisen. Das eine ist fest beschlossen, daß ich am 26 August von Singapore abfahre.[222] Vielleicht bleibe ich noch 14 Tage in Ceylon, dann würde ich am 10. od. 11. October in Coburg sein können. Ich sehne mich doch sehr danach, wieder nach Hause zu kommen. So schön das Reisen in den Tropen ist, so erschlaffend wirkt es doch auch, und ich bin überzeugt, daß ich es ein zweites Jahr mit gleicher Arbeitsleistung nicht aushalten würde. Nun lebe wohl meine liebe Grete, küsse die Kinder von mir grüße Eltern und Geschwister und behalte lieb

Deinen Willy

Margarethe Kükenthal an Ernst Haeckel, Coburg, 4. Juli 1894

Sehr geehrter Herr Professor!

heute möchte ich Ihnen nur mitteilen, falls Sie vielleicht jetzt noch keine Nachricht von meinem Mann erhalten haben, daß ich gestern, nach 8 Wochen endlich einen ausführlichen Brief von ihm bekommen habe. Die Nachricht kam aus Ternate u. datiert vom 5. Mai.[223] Seine letzte große Expedition an der Nordküste von Halmahera ist nun glücklich überstanden. Er schreibt sehr befriedigt von seinen Resül-

[222] Siehe Fußnote zum Brief aus Ternate vom 3.5.1894.
[223] Gemeint ist wohl der Brief aus Ternate vom 3.5.1894.

taten. Am 30. Juni hat er Ternate verlassen, um sich über Nord Celebes noch auf 3 oder 4 Wochen nach Sumatra zu begeben. Am 26. August erreicht er das Schiff in Singapore. Auf Ceylon wird er voraussichtlich noch 14 Tage bleiben, u. können wir ihn dann, wenn Alles gut geht, Ende September oder Anfang October in Jena erwarten. Wie glücklich ich bin, nun bald dieses Trennungsjahr hinter mir zu haben, brauche ich Ihnen nicht zu schreiben. Hoffen wir nur, das Alles so gut weiter geht, dann werden so die letzten wenigen Monate auch noch schnell vergehen.

Mit dem Wunsche, daß es Ihnen u. Ihrer lieben Familie immer recht gut gehen möge, verbleibe ich unter herzlichen Grüßen an Sie und Ihre Frau Gemahlin

Ihre Margarethe Kükenthal

Willy Kükenthal an Ernst Haeckel, Palocbai; Nordküste Celebes, d. 11 Juli 94.

Hochverehrter Herr Professor!

Meinen letzten Reisebericht haben Sie hoffentlich erhalten[224] und ich will mir heute erlauben darin fortzufahren. Die Untersuchung der Insel Batjan beschäftigte mich circa 4 Wochen.[225] Mit dem Dampfer, der am 9. Juni dort eintraf, kam Dr. Adensamer[226] aus Wien, dessen Sie sich vielleicht als eines treuen Schülers aus dem Jahre 1888

[224] Der letzte erhaltene Brief Kükenthals an Haeckel aus dem Malaiischen Archipel ist vom 16.2.1894, s. o.
[225] Kükenthal hält sich vom 12. Mai bis 11. Juni auf der Insel Batjan auf.
[226] Theodor Adensamer: Siehe Fußnote zum Brief an M. K. vom 15.6.1894.

noch erinnern werden. Mit ihm fuhr ich nach Ternate zurück, anfänglich in der Absicht, dort noch ein paar Wochen zu bleiben. Da ich aber in dieser kurzen Zeit doch keine größere Untersuchung ins Werk hätte setzen können, so änderte ich kurz entschlossen meinen Plan, packte in den wenigen Stunden, die der Dampfer in Ternate hielt, meine Sachen, ordnete alle anderen Angelegenheiten und fuhr mit Adensamer weiter, zunächst nach Gorontalo, dann nach der Hauptstadt der Minehassa, nach Menado. Die 4 Wochen, welche wir hier erlebt haben, gehören zu den genußreichsten meiner Reise. Wie Ihnen bekannt ist, weilen die beiden Sarasin[227] in der Minehassa, und Ihrer Einladung folgend, zogen wir zu ihnen auf Tomokon, einem kleinen hochgelegenen Gebirgsdorfe. Wir fanden sie sehr hübsch eingerichtet, mit allen möglichen Apparaten ausgestattet, und ebenso liebenswürdig und gutherzig, wie wir sie schon von Europa aus kennen. Das war eine herrliche Zeit! wie konnte man so schön über alles, was einen wissenschaftlich bewegte, plaudern, oder auf Excursionen so vieles Neue kennen lernen. Selbstverständlich sammelte ich nur das, was unsere beiden Gastfreunde bereits hatten, doch kam eine ganz hübsche Ausbeute zu Stande. Was mich dann am meisten frappirte, war der große Unterschied, gegenüber der Fauna von Halmahera; nur wenige Arten, die auch sonst im Archipel verbreitet sind, waren identisch.

Von größeren Bergbesteigungen unternahmen wir drei, deren letzte uns auf den thätigen Vulkan Lokon führte. Der Hauptgipfel war mit einem mächtigen Pandanuswalde bedeckt, dessen grotesken Baumformen an längst erloschene

[227] Paul und Fritz Sarasin: Siehe Fußnote zum Brief an M. K. vom 15.6.1894.

Erdperioden erinnern. Auch den großen See von Tondano besuchten wir ein paar Mal, und befuhren ihn bis zu seinem äußersten Ende. Wie im Fluge verging die Zeit und mit aufrichtigem Bedauern schieden wir von unseren lieben Freunden, um unsere Fahrt um Celebes herum – fortzusetzen. Den letzten meiner Leute, einen perfecten Insectenfänger habe ich heute in Pulas zurückgelassen, von wo er in meinem Auftrage nach Borneo gehen soll. Ich hatte ursprünglich die Absicht selbst mit dahin zu gehen, muß aber aufgeben, da der plötzlich mit Lombok und Bali ausgebrochene Krieg, die spärlichen Dampferfahrten hierher gänzlich einzustellen droht, und ich dann nicht rechtzeitig nach Hause kommen könnte. Fast sämmtliche Dampfer der indischen Packetfahrt sind zum Kriegsdienst herangezogen, auch wir werden in wenigen Tagen auf dem Kriegsschauplatz sein, um Verwundete aufzunehmen Wir hoffen stark dort einige photographische Aufnahmen machen zu können, wenn man uns das erlaubt. Vielleicht sieht man auch uns hier, wie in Ternate als einen deutschen Spion an! Der Verlust einiger Briefe, darunter ein wichtiger nach Frankfurt a/M. scheint damit im Zusammenhang zu stehen. In meiner Gesellschaft reisen 1 Anoar dep. 1 Casuar, 1 Petaurus, der erste von Halmahera – ferner 1 Kakadu, sämmtlich in prächtigem Zustande. Hoffentlich bringe ich sie gut nach Hause.[228]

[228] W.K. erwähnt in seinem Reisebericht, dass er den Casuar in Singapur mit an Bord nimmt: Kükenthal 1896a, S. 311, und dass er ihn nach seiner Rückkehr dem Zoo in Frankfurt übergibt, ebd., S. 53.

Nun leben Sie wohl, hochverehrter Herr Professor, grüßen Sie bitte Familie und freunde und behalten Sie in gutem Andenken

Ihren getreuen Kükenthal

Viele Grüße von den Sarasins u Adensamer!

Singapore, d. 30 Juli 94

L. Gr!

Soeben bin ich hier in Singapore angekommen und rüste mich in aller Eile zu einer Reise nach Sarawak. Schon Morgen fahre ich mit einem chines. Dampfer dahin. Deine letzte Nachricht erhielt ich soeben (datirt am 26/6.) u. freue mich Eures Wohlbefindens. Vor October könnt Ihr mich nicht erwarten. Es giebt noch sehr viel zu thun. Meine Gesundheit ist vortrefflich. Ich hoffe in Borneo viel schönes zu sehen u. mitzubringen. Gruß an Alle

Dein Willy

Kuching in Sarawak d 2/8 94

Liebe Grete!

Soeben bin ich glücklich von Singapore hier angekommen. Die Fahrt war etwas stürmisch aber sehr interessant. Vom frühen Morgen an dampften wir einen der großen Flüsse Borneos stromaufwärts, bis wir um Mittag festlegten um die

Fluth abzuwarten. Mit meinem Reisegenossen, einen englischen Botaniker, ging ich zu Fuß nach der Haupstadt des Landes, nach Kuching, wo etwas später unser Schiff anlegte. Ich kleidete mich sofort um und machte seiner Hoheit dem Rajah Brooke meine Aufwartung. Alles ist hier in würdigem Stile. Vor dem Schlosse standen Schildwachen, die vor mir präsentirten, alle in guten kleidsamen Uniformen. Der Rajah empfing mich sehr freundlich, versprach mir seine Hilfe und bot mir an morgen früh mit dem Regierungsdampfer [zu] den Bantamfluss hinauf ins Innere zu fahren Heute Abend bin ich zur Tafel geladen. Was mir nun weiteres bevorsteht weiß ich noch nicht, zunächst dringe ich in das Herz von Borneo ein, in eine Gegend, die wie mir der Rajah selbst versicherte noch vollkommen unbekannt ist. Nach 6 Wochen kehre ich dann wieder zurück, und dann geht's von Singapore schnurstracks nach Hause. Es ist Jammer, daß Du in dem Irrthum befangen bist, ich wäre jetzt schon auf der Rückreise. Davon kann gar keine Rede sein. Ich muß meine Pflicht erfüllen und ein volles Jahr ausbleiben. Am 23 October bin ich in Jena, nicht früher. Nun lebe wohl, grüße die Eltern u Geschwister von mir u behalte lieb

Deinen Willy

Nordküste von Borneo d. 5. Aug 94 Dampfer „Adeh“

Mein liebes Weib!

Gemüthlich schaukelt unser kleiner Raddampfer in der Chinasee längs Borneos Nordküste und ich habe vollauf Zeit Dir wieder einmal ausführlicher zu schreiben. Wie ich Dir am 2./8 von Kuching aus in wenigen flüchtigen Zeilen schrieb, wurde ich vom Rajah sehr freundlich empfangen, und zum Dinner gebeten. In der Zwischenzeit ließ ich meine Sachen an Bord des kleinen Regierungsdampfers bringen, der mich am anderen Morgen mitnehmen sollte, schlenderte durch die mit Malayen und Chinesen erfüllten Straßen von Sarawaks Hauptstadt, und freute mich über den lebhaften Handel, die Ordnung und Sauberkeit, die überall herrschte. Das Militär, meist aus Dajaks formirt, gefiel mir in den weißen, schwarz verschnürten Uniformen mit rothem Turban sehr gut. Alle Wachen präsentirten vor mir und die Soldaten auf der Straße machten Front.[229]

Am Abend als ich über den breiten Strom übersetzte und des Rajahs auf grünem Rasenhügel gelegenen Palast betrat, war eine Ehrenwache aufgestellt. Ich habe keine Ahnung, weshalb man mir hier solche Aufmerksamkeit erweist. Der alte Herr begrüßte mich sehr freundlich, außer mir war nur noch ein Gast anwesend, ein alter Schuldirector, der hiesige Vertreter der Intelligenz. Das Dinner verlief sehr feierlich, aber doch ganz animirt. 4 gallonirte[230] Diener an den Ecken des Tisches einer mit eifrigem Fächer, der uns Kühlung spendete. Ein französischer Kammerdiener übernahm die Ueberwachung des Tisches. Später saßen wir noch gemüthlich in einer Außengalerie dann empfahl ich mich und ließ mich an Bord des Dampfers rudern.

Früh um 5 Uhr lichteten wir Anker und fuhren wieder stromabwärts. In 2 Stunden war die offene See erreicht, die wir am am Nachmittag verließen um aufs Neue in einen

[229] Front machen: Sich jemandem zuwenden und Haltung annehmen.
[230] Galonieren: betressen.

Fluß einzubiegen den Rejang River. Wenn man Borneo auf der Karte ansieht, so macht man sich gar keinen Begriff von seiner Größe. Fährt man aber einen solchen Fluß aufwärts, der bis tief ins Innere von großen Seeschiffen befahrbar ist, so bekommt man einen anderen Eindruck. Kein Strom Deutschlands kann sich an Ausdehnung mit diesen Flüssen vergleichen. Das Land ist vollkommen eben. Zuerst werden diese Ufer begrenzt von Mangroven und [Nipa] niedrigen lang wedeligen Palmen /Nipa-Nipa/ später tritt Busch und Wald auf.

Nichts unterbricht die Einsamkeit als dann und wann ein schriller Vogelruf, oder eine Anzahl auf Pfählen stehender Hütten, aus denen neugierige Gestalten treten und uns nach schauen. So dampfen wir viele Meilen weit aufwärts, und immer bleibt die Landschaft die gleiche. Nicht die geringste Erhebung zeigt sich. Gegen Nacht gehen wir vor Anker um[d] mit Tagesanbruch die Fahrt fortzusetzen, bis wir um 9 Uhr das Endziel, den Ort Supi erreicht haben. [Wir] Ein lebendiges Treiben entfaltet sich als wir hart am Strande vor einem primitiven Landungsfloß anlegen. Mit uns sind eine ganze Anzahl malayischer Pilgrime gekommen, die in ihre Heimat zurückkehren. Die Männer in weißem Turban mit buntfarbigen seidenem Oberkleid, weißem Unterkleid und mit Spitzen garnirten Hosen, die Frauen [hatte] verschleiert, ebenfalls in gestickten Beinkleidern und großes seidenes Tuch über Kopf und Oberkörper, so kehren sie von der heiligen Stadt Mekka zurück, mit Jubel von ihren Angehörigen empfangen. Händeküssend und sich umarmend begrüßen sie sich. Neugierig schauen ein paar fast nacte Dajaks in ihrem barbarischen Schmuck, mit mächtigen das Ohrläppchen zerschleißenden Ohrringen, mit Arm-

und Beinringen, dem Treiben zu; Ich gehe an Land, um mir den Ort anzusehen. Ein paar Bungalows, in denen der [-unl.-] englisch-sarawakische Beamte u. seine Untergebenen wohnen, eine kleine Festung, sonst nur auf Pfählen stehende Hütten, meist von Malayen bewohnt. – Eine Stunde verweilt das Schiff hier, dann fahren wir wieder zurück. Wie überrascht war ich, als wir nicht denselben Strom [zurück] [af] abwärts fuhren, auf dem wir gekommen waren sondern einen anderen fast ebenso breiten Arm, der sich so tief im Inneren abzweigt um weiter ostwärts das Meer zu erreichen! Auch hier dieselbe erhabene Einsamkeit. Ein Krokodil, von dem nur Nase und Augen sichtbar sind schwimmt auf dem Wasser, weiter abwärts, in der Nähe einiger Hütten sehen wir eine Krokodilangel. Ein todter Affe hängt an starkem überbogenem Baumstamm im Wasser. In seinem Körper ist ein federnder Kurbel angebracht der dem Ungethüm die Kehle zerreißt, Gegen Abend hatten wir das Meer erreicht, nachdem wir noch kurze Zeit Halt vor einem im Wasser stehenden Malayendorf gemacht hatten, doch mußten wir vor Anker gehen und die Fluth abwarten, da die vor der Mündung liegende Barre[231] bei Ebbe unpassirbar ist. Erst heute früh 5 Uhr setzten wir die Fahrt fort, bei Sonnenschein und mächtig bewegter See. In 24 Stunden erreichen wir die Mündung des Baramrivers, gehen 60 Meilen strom auf und sind damit am Ende der Fahrt angelangt.

Hier hausen 2 Sarawaksche Beamte, an die ich vom Radjah empfohlen bin. Ich bleibe bei ihnen bis mich die „Adeh“ wieder nach Kuching zurückbringt, was in 4 Wochen geschehen kann. Dann geht's nach Singapore zurück

[231] Barre: Sandbank an Flussmündungen.

und schnurstracks nach Hause zu meinen Lieben. Hier an Bord fühle ich mich recht wohl. Natürlich bin ich der einzige Passagier, habe des Kapitäns Kajüte speise mit ihm und seiner Frau, die ihr kleines 8 Monate altes Baby, ein zartes Kind, mit an Bord hat, Ich muß dabei oft an klein Edith denken. Meine Gedanken weilen immer bei Euch.

8 August.

Nur mit Mühe überkreuzten wir die untiefe Barre, welche dem Barramflusse vorliegt, dann gingen wir hinein und fuhren bis zur Dunkelheit strom auf. Am anderen Morgen erreichten wir das Ziel unserer Fahrt, die sarawaksche Station. Hier leben 2 europäische Beamte, deren einem ich vom Radja empfohlen war. Er nahm mich freundlich auf, und wies mir in seinem kleinen aber netten Bungalow ein Zimmer an. Auch er ist sehr für Naturgeschichte interessirt, hat große Sammlungen angelegt und so fand ich ganz wohldressirte Jäger und Sammler hier vor, von denen ich zunächst 4 engagirte. Wir leben sehr einfach aber ganz ordentlich, abends saßen wir in der Vorgalerie von wo aus man den Fluß überschauen kann. In der Ferne tauchen die blauen Gebirge des Hochlandes auf, die wir wahrscheinlich besuchen werden. So dringe ich ins das Herz von Borneo vor; der vierte oder fünfte Europäer, der jemals hier[232] gewesen ist.

Heute Morgen machte ich meine erste Excursion in den Wald, der ein ganz anderes Gepräge hat, wie die Molukkenwälder. Wir schossen einige sehr schöne Vögel u fingen Insecten. Zwei roth-siamang-Gibbons entkamen leider. Es

[232] Lesart unsicher, die Vorderseite scheint durch.

war ein malerischer Anblick als uns plötzlich 2 Dajaks begegneten in vollem Kriegsschmuck mit Lanze und Schwert, das schwarze Haar lose herunter fallend, mit Federn etc besteckt, der braune nacte Körper zeigte wundervolle Muskulatur, ein ganz anderer Menschenschlag als die Malayen. Sie boten mir freundlich grinsend die Hand, und gingen dann ihres Weges, ein paar echte Kopfjäger.

Das Boot, das mich gebracht hat, geht morgen früh zurück und nimmt den Brief mit nach Kuching Hoffentlich erreiche ich den Anschluß zu dem am 23. Sept von Singapore abgehenden Dampfer. Nachricht kannst Du vor 4 Wochen nicht haben. Dann aber geht es schnurstracks nach Hause. Inzwischen tausend Grüße an alle

Dein Willy

An Ernst Haeckel, Baram River Nord-Borneo, 8 Aug. 94

Sehr verehrter Herr Professor!

Wie ich Ihnen in Eile von Singapore aus mittheilte, bin ich nach Borneo auf gebrochen, um hier noch einige Studien zu machen und etwas zu sammeln. Zunächst begab ich mich ins Königreich Sarawak, wo ich von Radja Brooke sehr freundlich aufgenommen und auf einem seiner Boote weiter nach Norden und ins Innere transportirt wurde. Nach 5 tägiger Fahrt kam ich endlich hier an. Bei einem der beiden europäischen Beamten logire ich und habe begonnen mein Laboratorium auf zu schlagen. Heute Morgen machte ich bereits die erste Excursion, die mir einige sehr werthvolle Vögel eintrug.

Ich habe bereits eine ganze Anzahl Leute für mich engagirt, unter anderen einen Mann, der den mächtigen Fluß abzufischen hat. Das Interessanteste hoffe ich aber erst weiter im Inneren zu bekommen, wohin ich mich in einigen Tagen begeben werde. Hier im Herzen Borneos wird sich noch vieles schöne finden lassen.

Sehr interessant ist auch die Bevölkerung, die hier noch meist aus kopfjagenden Dajaks besteht; weiter flußaufwärts wohnen andere Völker, die Kadjam, Kemians usw. von denen ich viele Photographien anzufertigen gedenke. Spezielle morphologische Pläne habe ich durchaus nicht, es erscheint mir lohnender die Tropennatur von allen Seiten aus zu studiren, ich denke mir dadurch Erinnerungen für mein ganzes Leben zu schaffen. Alles was ich für meine speziellen Arbeiten thue, ist das Sammeln von Säugethierembryonen.

Der Aufenthalt hier wird ungefähr 4 Wochen dauern, worauf ich nach Sarawaks Hauptstadt, Kuching, und von da nach Singapore zurückkehren werde. Am 23 September geht mein Schiff, das ich hoffentlich nicht verfehlen werde, am 20 october bin ich in Genua.

Schon von Singapore aus hatte ich, Sie, verehrter Herr Professor, gebeten für mich das Wintercolleg „Wirbelthiere" oder „Wirbellose" zu den früher benützten Stunden anzuzeigen. In der Hoffnung Sie in wenigen Wochen wohl und munter begrüßen zu können und mit besten Grüßen an Ihre Familie bin ich Ihr treu ergebener

W. Kükenthal

NB Ich habe Aussicht, eine großartige Sammlung der Fauna Borneos für unser jenaer Museum zu erwerben, u zwar kostenlos.

An Geheimrat Möbius, Baram in Sarawak den 8 Aug. 94

Hochverehrter Herr Geheimrath![233]

Sie werden sich wundern, von mir einen Brief aus so entlegener Gegend zu bekommen. Ich habe mich zu dieser Reise nach Borneo entschlossen, nachdem meine Aufgabe in den Molukken beendet war und gedenke in kurzer Zeit weiter ins Innere ins Hochland aufzubrechen. Hier in Baram wohne ich bei dem sarawakschen Residenten, Mr. Charles Hose, der bereits mehrere Aufsätze zoologischen Inhalts in den Period. Zool. Soc. etc. veröffentlich hat. Dieser Herr besitzt eine ganz herrliche /nahezu complete/ Sammlung der Fauna Borneos, alles in tadellosen Exemplaren, und ist geneigt, dieselbe einem Museum zum Präsent zu machen. Als patriotischer Deutscher habe ich natürlich an unser berliner Museum gedacht, und genannter Herr hat sich bereit erklärt, die Sammlung an Sie abzusenden. Er will sie noch etwas complettiren und meint im nächsten März sie absenden zu können. Mr. Hose lehnt jede pekuniäre Vergütung ab, ich glaube aber, daß es ihn doch freuen würde, wenn er irgend eine Anerkennung von Seiten der kgl. Regierung bekommen würde.

[233] Möbius, Karl August (1825–1908), Direktor des Zoologischen Museums in Berlin von 1883–1905.

Da ich in ein paar Monaten nach Europa zurückkehren werde, so habe ich Zeit die Sache noch mündlich mit Ihnen zu besprechen. Mit den besten Grüßen Ihr ganz ergebener

W. Kükenthal

8 August, Tagebuch XV. Borneo Baram[234]

Wie ich nach Borneo kam habe ich bereits in einem früheren Tagebuch auseinander gesetzt (XIV)[235] Nun stehe ich hier im Bungalow von Mr. Charles Hose,[236] dem sarawakischen Residenten, der mich mit viel Freundlichkeit empfangen hat. Gleich am Tage meiner Ankunft machte er mir ein prächtiges Geschenk in einer Anzahl von Säugethier- und Vogelbälgen bestehend. Heute Morgen ging ich in den Wald. Bis nach Baram hinauf sind vollkommen flache Ufer mit sumpfigem Terrain. Hier wird die Scenerie abends lebendiger, ein [lehm] schroffer Sandsteinhügel erhebt sich [auf] am Flußufer, auf ihm das Fort, ein viereckiger Holzbau von einer Kanone und ein paar Soldaten beschützt. [Hart] Am Landeplatz steht ein mächtig langes Haus, unten mit [chin] vielen chines. Kramläden, oben von Eingeborenen, darunter vielen Dajaks bewohnt. – Hier und da zerstreut liegen noch einzelne Hütten. Hinter dem Fort findet sich ein kleines Waschhaus für den Rajah der jedes Jahr seinen Wohnsitz für kurze Zeit nimmt, und am entferntesten liegt

---

[234] Vom 8. August bis 8. September 1894 führt W.K. ein Tagebuch, das er mit „Tagebuch XV." bezeichnet.

[235] Dieses Tagebuch XIV ist bisher nicht aufgefunden. Zur Reiseroute von Kükenthal s. Abb. 1.

[236] Informationen zu Charles Hose: s. Einleitung.

das Haus von Mr Hose. Es ist ein einfacher Holz bau mit 3 Zimmern, das mittlere das Eßzimmer etc die beiden anderen Schlafzimmer, an meines stößt eine kleine Vorgalerie, in der ich mein Laboratorium aufgeschlagen habe.

Was mich bei meinem Spaziergang heute morgen zuerst frappirte war der Anblick eines viel lichteren Waldes als in den Molukken. Unser Weg führte bald über Hügel, bald in sumpfiger Ebene. Hier waren [Stecken] kurze Balken dicht aneinander gelegt, einen bequemen Übergang ermöglichend. Der Dammerbaum kommt in diesen Ebenen vielfach vor. Das Unterholz ist nicht allzu dicht, nur dann und wann hemmen Rotangpalmen[237] den Weg.

Mein Jäger blieb zurück und schoß 3 prächtige Exemplare eines schwarzen Vogels mit rothem Fuß. Pityriasis gymnocephala (T)[238] darunter ein Junges mit ganz differenter Färbung. Es war noch viel röther an Kopf u Brust. Der Vogel wurde durch Nachahmung seiner Stimme gelockt. In einem Tümpel fanden sich ein paar hübsche Frösche. Auch wenige Käfer und andere Insecten erhielt ich. Gegen Mittag kehrte ich zurück.

Zwei sehr schöne Exemplare eines riesigen Schmetterlings erhielt ich am Abend, ich nahm sie aus und füllte sie mit Naphthalin.

9.

Heute in voller Thätigkeit. Die Leute wurden nach allen Richtungen hin ausgeschickt. Ich selbst ging mit einem Jun-

---

[237] Rotangpalme: Rattan.

[238] *Pityriasis gymnocephala* Temm, s. Kükenthal 1896a, S. 254.

gen stromaufwärts am hügeligen Ufer entlang. Ein Eisvogel den ich schoß wurde leider zu stark verletzt. [An] Einen Thaleinschnitt überschritten wir auf mächtig langem Baumstamm. Es erfordert absolute Schwindelfreiheit hinüber zu gehen, da der unbehauene Stamm vielfach gekrümmt und sehr glatt ist. Auf der anderen Seite drangen wir ins „Jungle" ein, wie hier der Wald genannt wird. Es fällt mir das hellere Grün auf, ferner finden sich viel mehr Moose u Pilze; die Baumstämme sind dicht mit Moos bedeckt. Zurück gekehrt erwartete ich den Jäger, der mir einen prächtigen grauen Gibbon, sowie ein paar Hornvögel brachte. Dem Gibbon entnahm ich das Gehirn.

Die andern Sammler brachten ebenfalls ein paar ganz gute Sachen.

Mr Hose suchte mit mir am Nachmittag eine wundervolle Collection für unser Jenaer Museum[239] aus, ich muß sehen, daß ich ihm von Regierungsseite aus eine Anerkennung verschaffe. Er ist ein prächtiger Mensch, der es verdient.[240]

Am Nachmittag bekam ich noch 2 entzückende Schmetterlinge, Mimicry von Blättern.

[239] Siehe Brief an Ernst Haeckel aus Baram River vom 8.8.1894.

[240] Hose schenkt ebenfalls dem MfN Berlin einen Teil seiner Sammlung. Siehe Kükenthals Schreiben vom 8.8.1894 und 13.12.1894 an Geheimrat Möbius, letzterer Brief im Anhang. Dieser schreibt an den Residenten am 7.1.1895. Die Schenkungen Hoses an das MfN Berlin sind in der Historischen Arbeitsstelle dokumentiert.

10 Aug.

Nach der entgegengesetzten Richtung gewandert. Schoß 2 Vögel mit eigenth. gelben Lappen am Hinterhaupt, /Culabes javanensis[241]/ sonst nicht viel erbeutet.

Der Jäger brachte 2 Semnopithecus rubicundus [mit] denen ich die Gebeine entnahm, ferner 2 hübsche Vögel, darunter einen Specht. Eine Schildkröte mit eigenthümlichem langen Rüssel erhielt ich heute Morgen, ferner einen Laternenträger.

11 t.

Die Moskitos sind eine entsetzliche Plage. Ich bin am ganzen Körper elend zerstochen. Es giebt hier 2 Arten, eine kleine u eine ganz große schwarz u weiße. Nirgends habe ich es annähernd so schlimm getroffen.

Am frühen Morgen wanderte ich mit meinen Leuten zu dem südwärts am Flusse gelegenen niedergelegten Wald. Kletterei über Baumstämme, sumpfiges Terrain. Ziemlich viel Insecten, ein paar große Scorpione darunter. Ein wundervoller Vogel /(Kukuck Surniculus lugubris)/ [sang] pfiff den Anfang eines Chorals u ließ sich ganz nahe heranlocken. Gegen Mittag kehrte ich erschöpft nach Hause. Die Excursionen in dem feuchten dampfigen Clima sind sehr anstrengend.

Am Nachmittag sichten wir aus H. großer Spirituscollection eine Anzahl von Thieren aus, alles Bergbewohner u

[241] Mit Bleistift über den Text geschrieben.

Flußfische. Der Abend wurde durch die enormen Moskitomassen ganz verdorben.

12. August.

Sonntag. Die Leute arbeiten nicht. Ich machte Photographien.[242] Zunächst eine von dem chin. Kampong wobei natürlich großer Zulauf. [die chi.] Die Straße führt hart am Flusse vorbei und besteht aus 3 sehr langen Häusern, solid aus Holz gebaut. Unten befinden sich die Läden der chin. Händler, im oberen Stockwerk wohnen eine Unmasse Leute in jed Haus.

Nach Hause zurück gekehrt machte ich dann 4 weitere Photogr. und zwar sowohl von Kajans[243] als von Dajaks; Es war sehr auffällig den Unterschied zwischen den beiden Stämmen zu sehen; die Kayans haben viel länger aufgeschlitzte Ohrläppchen. Die starken Zähne der Felis nebulosa, der Tigerkatze von Borneo hindurch, oder haben Ring[g]e.

Bei vielen Dajaks weist der [li] [öff] geöffnete Mund eine Reihe /anscheinend/ goldener Zähne auf, es sieht aus wie ein vollkommen plombirtes Gebiß; es sind [dünne] Messingplatten, die auf die abgefeilten Zähne gesetzt werden.

Sehr merkwürdig erscheint der Kopfputz, eine spitze Haube von Rotang, in die eine Anzahl von langen Federn von Argusfasan gesteckt sind. Ein Dajak trug über seiner Brust ein Tigerkatzenfell, hinten besteckt mit einer Anzahl

[242] Die Glasnegative der 1893/94 aufgenommenen Fotografien sind in der Historischen Arbeitsstelle des MfN Berlin.
[243] Das Tagebuch weist auch die Schreibweise Kayan auf.

Federn vom Buceros.[244] Um die Waden winden sie vielfache Schnur [ein] dünner Strang. Lange Schilde[245], besetzt mit Haarbüscheln von erbeut. Köpfen, Lanzen u Schwerter sehr schöne Arbeit, das Benehmen der Leute war das von artigen Kindern. Sehr neugierig, aber in Schranken. Den Nachmittag verwandten wir zu Schießübungen die Thontauben traf ich nach den ersten drei Fehlschüssen regelmäßig.

Montag d. 13.

Früh sandte ich die Leute aus, Bulang, der vortreffliche Jäger brachte [6]4 Vögel die anderen einige gute Insecten. Um 11 Uhr begab ich mich an Bord des kleinen Dampfers, der uns insgesammt stromabwärts bis zu einem Punkte bringen sollte, von wo wir [den] einen Binnensee besuchen wollten. Der Dampfer ging weiter abwärts bis zu eine[m]r [Punkte] /Stelle/ wo ein neuer Weg angelegt werden sollte, und demgemäß waren eine große Anzahl Boote mit Leuten ins Schlepp tau genommen worden.

Auch unser Boot fand sich darunter. Die Regenbö, welche unsere Fahrt zu vereiteln drohte, war glücklicherweise nur von kurzer Dauer, und so fuhren wir in hellem Sonnenschein stromabwärts. [Es] Unterwegs stießen noch Boote zu uns, die Flotille vergrößernd; [Stech] um 12 Uhr stießen wir vom Dampfer ab, und ruderten dem Ufer zu; [Stie] keinerlei Öffnung war zu sehen, erst als wir dicht davor waren, bemerkte ich einen engen von treibenden Baumstämmen verbarrikadierten Canal. Wir secirten den Eingang und kamen

[244] Rhinozerosvogel, *Buceros rhinoceros*.

[245] Abbildungen von Schilden finden sich in Kükenthal 1896a, Tafel V und X, siehe auch Abb. 22 und 23.

bald in eine breite Wasserstraße Die Scenerie war malerisch. Dichter Urwald; Pandanus und andere Palmen [zw] biegen sich über das Wasser, mächtige Bäume waren quer darüber gefallen, [all] dicht besetzt mit Epiphyten. Zwischen dem dunklen grün schimmerten [die] hellrothen Blätter einer Bougainvillia mit weißen Blüthen. Nach einiger Zeit öffnete sich der Canal in [einen] den See, der ungefähr 2 Kilometer breit 3 lang ist und parallel dem Flusse liegt. Sehr bald scheuchten wir [eine] eine Anzahl schöner Nachtreiher auf, von denen ich einen herunterholte. den Jäger, Bulang, setzten wir in dem dichten Urwald der anderen Seite ab, und hörten bald seine Schüsse knallten.

Der See war nicht eigentlich malerisch, da die Ufer vollkommen flach sind, doch gab er ein hübsches Stimmungsbild in seiner vollkommenen Einsamkeit, umzingelt von dichtem [Uf] Urwald. Das Wandern darin ist nicht leicht, das Gewirr von Schlinggewächsen ist stellen weise sehr dicht, der Boden ist sumpfig, [oft] überdeckt von einer dichten Lage von faulenden Blättern, aus denen Myriaden von Moskiten herausstieben. Bald war ich so zerstochen, daß nicht ein Quadratzoll heiler Haut an mir zu finden war.

Bulang brachte einen prachtvollen seltenen Raubvogel, eine Tupaia[246] und ein Eichhorn mit. Leider hatte er einen Semnopithecus cruciger, auf den er schoß nicht bekommen können. Nunmehr gingen wir an die Untersuchung des ziemlich flachen Sees. Das Wurfnetz brachte uns einige Fische; unter fröhlichem Gelächter tauchten dann meine 4 Dajaks ins Wasser und holten Muscheln und Schnecken

[246] Spitzhörnchen.

herauf. Es ist eine wahre Freude mit diesen harmlosen vergnügten Burschen zu arbeiten. Als sie genug Muscheln für sich[247] gefischt hatten gab ich ihnen Erlaubnis, welche für sich selber zu holen, da sie leidenschaftliche Liebhaber von guten Sachen sind, und Essen ihre heiligste Beschäftigung ist.

Um 3 Uhr traten wir die Rückfahrt an, waren aber erst etwa ½ 8 zu Hause. Mehrmals verleiteten uns Scharen von grauen Affen Macacus cynomolgus zu ihrer Verfolgung. Das Jungle war aber so dicht, daß sie regelmäßig entkamen, bevor wir zum Schuß kommen konnten. Einmal verlor ich im Morast meine Schuhe und fiel in scheußliche Dornen.

Um 6 Uhr trafen wir Mr. Hose, der uns in kleinem Boote entgegengekommen war und sich sehr über meine Erfolge freute. Wir setzten die Fahrt im Mondschein fort, bald wurde daraus ein Wettrudern mit viel Geschrei und Gelächter. Aber erst spät kamen wir an, ich konnte mich kaum rühren so schmerzten mir die Glieder von den Moskitostichen.

14.

Die Betrachtung meines Rückens heute Morgen zeigte mir, daß nicht eine Stelle heiler Haut existirt von der Größe eines Pfennigs. Stich an Stich. Wir gingen an das Aussuchen von Bälgen für das Berliner Museum. Um 10 Uhr begab ich mich in den Wald, um etwas zu schießen, und erbeutete ein[en] paar kleine Vögel. Ein Eichhörnchen konnte ich leider nicht bekommen.

Am Mittag verbreitete sich die Kunde, ein Mann sei von einem Krokodil gefaßt worden, es war aber, wie sich später

[247] Wohl: für mich.

herausstellte nicht wahr. Das ereignet sich alle 5-6 Monate, daß ein Menschenleben beim Baden /auf diese Weise/ verloren geht. Durch Schlangenbisse sterben jährlich in Sarawak etwa 20 Menschen?

16.

Abmarsch in den Wald sehr frühzeitig. Ich nahm ein paar Photographien von einem Waldweg, der durch das Jungle führt und aus lose nebeneinander gelegten kurzen Balken besteht. Dann ging es tiefer ins Dickicht hinein. Ein paar Spechte hämmerten lustig an einem Baum. Schrilles Zirpen von großen Cikaden die hier [allem Anschein nach sich] auch am Tage Spektakel machen, es klingt gerade wie Kindertrompeten die auf einem Jahrmarkt geblasen werden. Mehrfach hörten wir Geräusch von Affen konnten sie aber nicht erhalten. Die Vogelstimmen sind recht hübsch, besonders Flötentöne.

Beim Herumstreifen aquirirte ich einen grauen Blutegel, den ich leicht mit etwas Tabakssaft entfernte. Der mich begleitende Junge hatte mehrere an seinen nacten Füßen, er setzte sie etwas abseits auf den Boden; sie krochen aber mit großer Geschwindigkeit auf ihn zu. Am Nachmittag Fahrt in ganz kleinem Boote flußaufwärts, wir sehen einen Raubvogel /u./ einige Macacas konnten aber nichts bekommen. Außer den Moskiten wird sehr lästig eine große graue Fliege. Krokodile sehen wir nicht, nur die aufsteigenden Blasen. Die Eingeborenen nennen das Krokodil ihren Großvater und behandeln es mit der größten Hochachtung.

Am Abend war chinesisches Fest. Die Götter bekamen zu essen. Wir gingen den Bazar hinunter alle Läden waren hell erleuchtet, unter der Halle standen in langen Reihen Tische, sehr hübsch decorirt und mit Massen von Speisen, und Getränken alle hübsch aufgeputzt, besetzt, das alles ist für die ärmeren, besonders die Dajaks und Kajans bestimmt, die von 10 Uhr an die ausgestellten Delikatessen verspeisen. Ein Feuerwerk wurde abgebrannt, [ho] heilige Bücher, Teetütchen ähnlich, ins Feuer geworfen, lange dünne /brennende Stäbchen/ Kerzen [verbreiteten] die [auf] in die Speisen gesteckt waren, verbreiteten eigenth. Duft, u das Volk war vergnügt.

Mich interessierte besonders ein Eingeborener tief aus dem Inneren von holl. Borneo kommend mit auffall. mongolischem Typus die [her] Ponyhaare tief in die Stirn gekämmt hinten lang herabfallend. Es war ein Kalabit diese Leute bewohnen die ca. 2000 ' hohen aus gedehnten Hochebenen im Inneren; und zeichnen sich besonders durch ihren Reisbau mit künstlicher Bewässerung aus. Ihnen ist auch die Anwendung des Pfluges bekannt, was bei den anderen borneoer Stämmen nicht der Fall ist.

Notizen für eine spätere Ausarbeitung:[248]

Geschichte

Bis zum Jahre 1841 wurde Sarawak von inländ. Fürsten regiert, In diesem Jahre /1838/ brach ein Aufstand aus und der damalige Rajah Panggeiran Mudah Hassin[249], der später [in Brunei] samt auch seiner Familie in Brunei ermordet wurde war froh als ein Yacht erschien, dessen Besitzer [Mr.]

[248] Die Ausarbeitung legt Kükenthal in zwei Teilen vor: Teil 1, Reisebericht, 1896a, Teil 2, Wissenschaftliche Reiseergebnisse, 1896b.
[249] Kükenthal 1896a, S. 299: Rajah Muda Hassim; Hose 1912: Muda Hasim.

Sir James Brooke[250] ihm thatkräftige Hülfe zutheil werden ließ. Letzterer in Indien geboren und längere Zeit im Dienst der englischen Armee u später im Dienst der ostind. Kompagnie, [no] hatte auf einer früheren Reise Gelegenheit gehabt die[ses] /Pracht der/ [herrlichen] Sundainseln kennen zu lernen und war als er /1888/ nach [Borneo] segelte, fest entschlossen hier sein Glück zu versuchen. Es gelang dem energischen Mann über erwarten, denn schon 3 Jahre später übergab ihm der schwächliche Rajia Madah Hassin die Zügel der Regierung. Eine Zeit harter Arbeit begann für Sir James; es galt die vollkommen wilden [Ein] Bewohner von ihren Raubzügen [zu an] und Kopfjagden zu entwöhnen und Civilisation einzuführen. Die Schwierigkeiten waren ungeheuer, /erneut brach/ ein Aufstand [brach] in der Residenz Kuching aus, inscenirt von den dort massenhaft eingewanderten Chinesen der Rajah mußte flüchten u [er wäre] /seine Arbeit/ wäre verloren gewesen, wenn er nicht verstanden hätte, das Volk für sich zu gewinnen.

Unter Führung seines Neffen Charles Brooke rückten die Dajaks in die Hauptstadt ein und stellten die alte Ordnung wieder her. Nach nur 5 Jahren war ein neues Komplot von Seiten der Chinesen gegen den jetzigen Rajah geschmiedet worden, glücklicher weise wurde es rechtzeitig entdeckt u die Rädelsführer unschädlich gemacht. Die Chinesen mit ihren geheimen Gesellschaften mit ihrem [w] rastlosen Wuchergeist werden stets gefährlich in fremdem Lande, wenn sie die Uebermacht bekommen. Ganz erstaunlich ist es /z B/ wie sie [d] in Singapore die Oberhand bekommen ha-

[250] Zum Wirken der Brooke in Borneo s. Runciman 1960.

ben.[251] Singapore ist eine Chinesenstadt durch und durch. Die alten [Einw] Bewohner, die Malayen, sind dermaßen zurückgedrängt, dass man nur selten einen auf der Straße sieht. Gegenüber dem Europäer ist der Chinese von Singapore einfach frech um einen deutlichen deutschen Ausdruck zu gebrauchen. Kommt man in einen Laden, so nimmt sich der meist fette [/Eig/ mit nactem Oberkörper] u [obe] halbnacte Eigenthümer nicht die geringste Mühe, aufzustehen und entgegen zukommen.

Ich brauche ferner nur an die häufigen Aufstände zu erinnern, die fast alljährlich in Singapore ausbrechen um auf die Gefahr aufmerksam zu machen, die die Masseneinwanderung der Söhne des himml. Reiches mit sich bringt. Die Holländer sind in dieser Hinsicht viel vorsichtiger u erschweren das Einwandern nach möglichkeit.

Doch kehren wir wieder zu [unserer] Geschichte von Sarawak zurück. Rajah James Brooke überwand alle Schwierigkeiten, er erwarb sich die Liebe der Eingeborenen in [einem] höchstem Maße, [von dem] /wie/ ein so zuverlässiger Beobachter wie Wallace[252] mit folg. Worten bezeugt, [u]

Als er im Jahre 1878 starb hinterließ er seinem Neffen, der ihm auf dem Throne folgte, ein wohl geordnetes Reich, und sein Nachfolger verstand es ebenfalls in hohem Grade sich die Liebe seiner Unterthanen zu erwerben, indem er nicht über ihnen sondern mit ihnen regierte.

(siehe weiteres in: Publ. Mall Gazette Oct. 93 Vol 1 No 6.)

---

[251] Siehe auch Brief an M. K. vom 20.11.1893.

[252] Alfred Russel Wallace bereist von 1854–1862 den Malaiischen Archipel.

Oberflächengestaltung

Man kann sich Borneo am besten vorstellen als ein ungeheures Flachland [in desse] nur wenige Fuß den Seespiegel überragend, in dessen Mitte ein Gebirgsmassiv aufgesetzt ist; das im wesentlichen von der Nordostseite, wo es seine höchste Erhebung, den Kina Balu[253] (13700) hat, nach Süd westen zieht.

Einen solchen [Anblick] Eindruck gewinnt man auch im [Sara] Reiche Sarawak. Im Westen treten die Berge mehr an die Küste heran, nach Osten zu weichen sie aber zurück und machen einer 30-60 engl. meilen breiten Alluvialebene Platz, in der nur ganz gelegentlich isolirte Berge oder kleine Bergketten auftreten. Der wahrscheinlich höchste Berg in Sarawak ist der Mount Mulu,[254] um dessen Erforschung sich der Resident von Borneo Charles Hose die größten Verdienste erworben hat.

Während das Flachland [meist] fast ausschließlich von dichtem Urwald mit sumpfigem Untergrunde bedeckt ist, finden sich tief im Innern Hochebenen von circa 2000 ' Höhe, in denen der Wald vom Reisbau verdrängt worden ist. Die Kalabits und Muruts, die hier wohnen, sind tüchtige Landbauer, die die Kunst der [Rei] künstlichen Bewässerung der Reisfelder verstehen, [im Gegen] und im Gegensatz zu allen anderen Rassen von Borneo 2 mal jährlich ernten.

253 Über diesen Berg schreiben Hose und McDougall 1912: „The highest mountain is Kinabalu, an isolated mass of granite in the extreme north, nearly 14,000 feet in height."

254 Mount Mulu, 2376 m. Der höchste Berg von Sarawak ist Mount Murud, 2423 m.

Von Interesse ist, daß sich in diesem Gebiete Salzquellen befinden, aus denen durch Abdampfen ein Salz gewonnen wird, das als Medizin besonders gegen Kehlleiden dient.

Was den geologischen Aufbau des Landes betrifft

so überwiegt der Sandstein, M Mulu dagegen besteht aus älterem fossilienhaltigem Kalkstein und ähnliche Kalksteinmassive werden nahe bei Niah im oberen Sarawak district gefunden. Letztere bergen kostbare Mineralien besonders Antimon (A. sulfid) daneben kommen auch in anderen Gesteinen Zinnober und Gold vor, letzteres [auch] /in Uranerz u./ als Schwemmgold in alluvium Fernere Information in Pothlewitsz „Geologie von Borneo;" vor 3 Jahren veröffentlicht.[255]

Fauna

Hose, Salvadori[256],

[5. Flora]

domestizirte Thiere: Hund, Katze eingeführt Büffel wahrscheinl. Hose sagt mir die Katzen mit ihrem merkwürdig mißformten Schwanz müssen einige Jahrh. früher von den Portug. eingef. word. sein. Ebensolche Katzen werden noch heute in Portug. u Spanien gefunden, <u>oder umgekehrt!</u>

[255] Posewitz 1889.

[256] Salvadori, Tommaso (1835–1923), Arzt und Ornithologe. Möglicherweise kennt Kükenthal, der Italienisch beherrscht, Salvadoris Arbeiten über Vögel des Malaiischen Archipels: Salvadori 1874.

Büffel werden zum Fuhrenziehen von Karren, u [be] von manchen auch zum Umrühren der nassen Reisfelder benutzt; (wenden im Schlamm und ruehren in dadurch um)

Pferd, Rasse zweifelhaft? nicht viel [W] Rind brit. indische u andere Mischungen von Engl. eingeführt

Schafe u Schweine auch Ziegen Schweine, chinesisch 18[8]57 kam die englische Ratte mus rattus.

Hühner verschiedenster Rassen Kampfhähne sehr beliebt.
Enten, chines.
Gänse, chines.
Tauben chines (?)
Perlhühner eingef. in Borneo von Mr. Hose.
kleine /Papag./ Palaeornis longicauda
[Psittacus] incertes
Loriculus galgulus
außerdem einige kleine Waldvögel.

Flora[257]

„Billian" = „Ironwood"[258] sehr häufig
Efsilia palembanica[259]
Diptocarpus
Palmen sehr zahlreich
Kokos [über]all gepflanzt

[257] Zur Orthografie der folgenden botanischen Termini, die zum Teil falsch, zum Teil unklar ist, siehe oben, Erläuterungen zur Transkription.
[258] Hose und McDougall 1912, S. 50: bilian.
[259] Afzelia palembanica.

Nipa Nipa[260]
Nipon
Idjuk[261] Saguwar
Abeng
Djaong
Rotang viele Species
Hose hat über 100 Spec. in Borneo gesammelt.
Ndipap.
Uudor
Sagopalme
Kletterpf. [Crypa] sind sehr häufig
Orchideen
Cypripedinnis
Wandes
Irideas.
Bulbophyllum

große [ungeheure] Anzahl von Farnen die schönsten sind Dicksonias u Alsiphzellus Baumffarrne die größten Familien sind: Aspleniums, Lesias Gymnogramma Polypodiums, Menissiams, Dewallias Trichomanes, Taccis

Gräser unzählbare Mengen, Bambus verschied. Arten.

Viel Arten Pilze, darunter gallertige gekrauste, viele eßbar, einer macht die Leute hysterisch.

[260] Siehe Brief an M. K. vom 5.8.1894.

[261] Mal. Idjuk oder Udor: Zusammendrehen zu einem Strick. Idjuk: schwarze Faser der Zuckerpalme *arenga sacherifera.*

„Beccari“[262]: On the flora of Borneo. Barbidge: Dublin Ireland Baker[263] Kew[264].

***

Nutzpflanzen

Hölzer sehr werthvoll:

Das Mark aller Palmen als Nahrung verwerthet, viel Sago. Bambu, Nipa Nipon, Rotang die wichtigsten für die Eingeborenen, aus ihnen können sie alles verfertigen Fruchtbäume di durian Mangosten[265], Pisang[266]

Pangetanus eingeführt, Limon, Reis, Mais „Millet“. 25 Varietäten Reis, (Hose) darunter eine ganz schwarze.

Staatseinricht.

Sarawak ist eingetheilt in drei Provinzen eingetheilt, deren jede einen Resident I Klasse [z] als Oberhaupt hat (Titel „honourable“) Residenten II. Klasse sind theils unter ihnen theils direct unter dem Rajah; sie sind die Oberh. von Districten.

---

[262] Odoardo Beccari, italienischer Botaniker (1843–1920).
[263] John Gilbert Baker, britischer Botaniker (1834–1920) arbeitet in der Bibliothek und am Herbarium der Königlichen Botanischen Gärten, Kew.
[264] Royal Botanic Gardens, Kew, im Südwesten Londons.
[265] Hose und McDougall 1912, S. 6: mangosteen.
[266] Siehe Fußnote zum Brief an M. K. aus Soah Konorah vom 4.4.1894.

Unter den R II Kl. sind Assistant residents die /theilweise/ auch [kleine] [St] Stationen selbständig verwalten können Extraofficies attachiert den Stationten. In Kuching ist ein Kommandant, GeneralPostmeister, Tag-unl.- etc. „Gesunder Menschenverstand ist hier Gesetz."

Viel[e] Arbeit wird durch die Häuptlinge Datus, Abangs in Malayisch und Panghulus u Orang Kajas (unter Wilden) besorgt. sie sind Steuereinnehmer, „conflict. Native courts." sind unter Districtresident, gewählt vom Rajah. bekommen ein Siegel.

[17.] Die Steuern betragen pro Familie 2 Doll für einzelnen Mann 1 Dollar. In Britisch Nordborneo viel schlechtere Verhältnisse. Die Leute meist aus unterer Klasse behandeln die Eingeborenen schlecht. [Verschieden.] Ungerechte Steuern, z. B. Tragen eines Parang[267] 50 cnts. Die Actien der Gesellschaft stehen auf 4 ½ d pro 1 Pfund. Es wurde dem Rajah angeboten als Gouv. General die Sache zu verwalten, lehnte natürlich ab, erbot sich das Land zu erwerben, indem er 10 % des Nominal werthes der Actien an die [Unter] Actionäre zahlen wollte, wurde abgelehnt.

Wahrscheinlich wird in kurzer Zeit das Sultanat Brunei od wenigstens ein Theil vom Rajah verschluckt. Während meiner Anwesenheit wurde ein Weg von 3 engl. Meilen zwischen Baramriver u benachb. Flusse in Brunei angelegt, so daß während des Nordostmons. der die Schiffahrt oft lange hemmt, die Post über diese Route geht.

---

[267] Schwertartiges Messer, s. Kükenthal 1896a, S. 265.

[Freitag] /Donnerst./ 1[7.] 6.[268]

Ganzen Tag zu Hause geblieben, allerlei geschrieben u studirt.[269] Bulang brachte einen sehr schönen Raubvogel Blaza, vielleicht enu, jedenfalls sehr selten. Die Nacht u am [M] anderen Morgen viel Regen

Freitag 17.

Die Jungen brachten hübsche neue Insecten, besonders viele gute Heuschrecken. Bulang schoß 4 Tauben. Am Nachmittag ging ich im Boote aus, schoß 1 Taube bekam leider einen Nashornvogel nicht, ebenso rissen die Macace aus und einen auf einem Baume herumkletternden Paradoxurus[270] [ko] verwundete ich zwar, konnte ihn aber nicht herunterbekommen

Häßlicher Djungle an den Flußufern, zuerst zäher Schlamm, dann hohes dichtes Schilf oder wild verworrenes Gestrüpp.

Da uns der Regen richtig durchnäßt hatte war ein Glas Whiskey Soda ganz angenehm. Wir plauderten noch lange bis in die Nacht hinein.

Sonnabend d. 18.

Der Tag verlief ruhig in stiller Arbeit. Am Nachmittag fuhren wir in 2 Booten auf Jagd, kamen in einen kleinen [Fluß] Nebenfluß. Sahen mehrere Vögel konnten aber nicht schie-

---

[268] Der 16. August 1894 fiel auf einen Donnerstag.

[269] Widerspruch zu der Tagebucheintragung unter 16.

[270] Paradoxurus: Schleichkatze.

ßen denn viel Regen; die Moskitoenplage ist entsetzlich, Sie stechen durch [hu] alles, selbst unter die Rohrflechte kriechen sie.

***

Weitere Bemerkungen

Das Klima ist nicht besonders gut in Sarawak. Von den Beamten, die nach 25 Jahren Dienst ihre Pension beziehen, starben 70 % in dieser Zeit.

Ich durchblättere die Sarawak Gazette[271] vom Jahre 1870 an u finde folgendes Bemerkenswerthe. Erzählung wie die Malayen die armen Dajaks beschwindeln. Die Malayen sind faul unzuverlässig u beschwindeln die armen Eingeb. /welche fleißig Reis bauen oder Waldprodukte ernten/ wo sie können, es ist für letztere von großem Vortheil wenn sie mit Chinesen in Berührung kommen.

Wenn ein Dajak jemand bei seiner Frau findet darf er ihn mit einem Prügel tractiren, sonst aber keine Waffen benutzen Ist der Missethäter verheirathet, so prügelt seine Frau den andern. Sie sind sehr eifersüchtig. Sclaverei existirt auch heute unter Kajans u Malayen (aber [nicht] /[ka] nur wenig/ unter Dajaks) aber sehr milde. [Früher war das anders] Viele werden jetzt von Gouvernamt befreit im Falle von schlechter Behandlung, oder sie selbst bezahlen 36 Dollars für ihre Befreiung Weibliche Sklaven können befreit werden wenn sie geschl. Umgang mit ihrem Herrn nachweisen können.

[271] Kükenthal 1896a, S. 303: „Ein Regierungsblatt", das jeden Monat erscheint und u. a. Verordnungen sowie Berichte von Beamten der Außenstationen enthält.

Häufig aber kehren die Sklaven nach ihrer Befreiung zu ihrem Herrn zurück, ein Zeichen milder Aufl.

2 Arten Sklaven Haussklaven, oder solche die für sich eine Farm haben u die Hälfte der Erzeugnisse ihrem Herrn geben. Früher waren /wurde/ die Sklaven schlechter dran. Wenn [s] ein Häuptling ein neues Haus baute, so wurde der erste Pfahl durch den Körper eines jungen Mädchens getrieben um das Glück zu fesseln. War Epidemie im Lande, so wurde ein junges Mädchen in ein Kanou gesetzt u zur Ebbezeit in die See hinaus getrieben. Sklaven wurden [an] /an Pfähle nahe/ dem Sarg ihres todten Herrn gebunden und starben um dann ihrem Herrn in der alten Welt zu dienen.

Im allgemeinen gehen die Stämme voraus die keine Sklaven halten u selbst arbeiten, [solche die] Es kommt häufig vor, daß fleißigen Sklaven von ihren Herren die Freiheit geschenkt wird.

***

In Borneo kennen die Natives 2 Arten von waren[272] „London“ u „Germany” letztere viel schlechter aber auch viel billiger, sind sehr gesucht. Die Chinesen sind sicherlich eine Gefahr sie haben aber auch gute Seiten. Eine deren ist die Kühnheit mit der sie ins Innere eindringen um Handel zu treiben. Mancher hat diese Kühnheit mit dem Leben gebüßt, mancher Kopf ist über dem Feuerplatz eines Dajaks getrocknet u mancher Schild mit seinem Zopfe versehen. Sie erlahmen aber nicht in ihrer Sucht nach Gewinn.

[272] Gemeint sind: Waren. Kükenthal spielt hier an auf die damalige schlechte Qualität von Waren „made in Germany“.

Der Malaye ist ein sehr schlechter Händler, führt keine oder sehr unordentliche Rechnung, ist nur brauchbar als Unterhändler zwischen Chinesen u sehr entfernten Plätzen Der Chinese betrügt auch, aber er hat system begnügt sich mit kleinerem Gewinn er führt gute Rechnung.

***

Unter den Eingeb. gilt der geschlechtl. Verkehr mit der Schwägerin; die Regier. bestraft dies mit 5 Jahren Gefängniß. Es heißt, daß dann alles schlecht geht im Lande, der Reis gedeiht nicht etc etc

Geschichte Borneo wurde im Jahre 1576 von den Spaniern entdeckt Sarawak gehörte bevor Brooke kam zu Brunei: der Sultan von Brunei bestätigte ihn 1841 als Radjah die [Pi] Dajak piraten die zwischen 1840–50 das Meer unsicher machten wurden durch engl. Kriegsschiffe gezüchtigt verschwanden allm.

Im Jahre 1857 brach ein Aufstand der Chinesen aus, 5–600 Mann ergriffen die Waffen, attakirten u nahmen das Fort u die Häuser der Europäer u tödteten mehrere derselben. Der Rajah flüchtete u Bald wuchs die Anzahl der Rebellen auf 3000. Ihrer Herrschaft wurde aber ein rasches Ende gemacht durch das einrücken von Charles Brooke an der Spitze eines Dajakheeres u gleichzeitig durch das Eintreffen eines der Borneo Komp. gehörigen Dampfers. [W]Die Chinesen wurden entweder getödtet oder über die Grenze getrieben. Hugh Low: Sarawak its inhabitants and productions[273]

***

Staatshaushalt für das Jahr 1891

Einnahmen		
[Steuern oder Far 149, 250.]		
Farms (Monopole)		
Steuer auf Opium	149,250 Dollar!	
(Gambling) auf Hazardspiel	36,602	
Arrak		21,727
(Pfand) „Panen"		3,532
Customs		
Import duties	29,639.26	
Export		41,524.46
Dynk Kyan etc Revenue		34,471.54
Abgabe " Vogelnester[272]		2,778.51
2 Dollar per Person an Munition befreit die Händler Malayen Kustenwald von persönl. Gouvdienst		
Exemption Tax		26,658.24
Mining Royalties		8,888,88
Boien Leuchthaus, jedes Schiff hat 5 cnts per Ton zu bezahlen		
Buoy and Light Duec	2,697,79	
Post office		2,266,09
Ueberschuß aus der Prägung der Kupfermünze		
Copper Coinage		5,758,86
Sadong Mine (5 M ex penditure)		

[273] Low 1848.

[274] Dirckte Steuer, hier auf essbare Vogelnester, s. Kükenthal 1896a, S. 304.

Land		
Verkauf Sales	752.50	
10 c. per acre. Quit rent Rent.	373.12	
Gebühren Fees	28.	
Assessment	4112.40	
[Gebühren für Grundstücke] Grund u Gebäudesteuern		
Agency see expenditure		
Court Receipts		
Fines & Fees	[28,557.]	
Gerichtsgebühren u Strafen	29,956,29	
Miscellanous	5,055,78	
Public works	11.050.74	

Total Revenue		417,123,96 Dollar

Ausgaben		
Public Works	41.859.32	
(-unl.- für das Museum		7.352.59)
Military Dapartment	51,359.21	
Collection of Revenue		8,783.86
Ausgaben für Einsammeln		
light Houses	1.158.68	
Cession Money		18,700.
Geld an Brunei bezahlt für Cession		
Museum		4,979,13
Sadong Coal Mine	4,418,68	
Immigration	1,273.	

Hülfe für Einwanderer	
Plantations	9,447,21
Miscellaneus	25.896.44
(darunter Church & Education 3,723.20)	
Civil List	187,378,84
(Rajah	55.633.02)
(Pensions & |Haff Raj	22,894,82.)
(European Officers Outstations	33,625,00)
Naval Department	62,233,09
für 10 Schiffe u die Werkstätte	

	417,487.46 Dollar
Es bleibt ein Deficit von 363,50 Dollar	

1891		
[Export]		
Total Import	2,350,810. D.	
" Export	2,649,880.	
Importirt wurden folg. Artikel.		
Messing	Brassware	68,479
Kleider	Cloth	235,462
[Kurzwaren]		
Teller etc	Crorkeryware	10,917
Reissäcke?	Gunries	25,443
	Ironware	33,257
große Töpfe	Iars	11,016
	Oil	64,668
	Opium	59,746
	Rice	232,257
	Salt	11,537
	Sugar	27,221
	Sundries	377,951
Kurzwaren		

Gold	Treasure	260,407	
	Tobacco	69,323	
	Wines Beer		
	Spirits	28,968	
Export			
Waldprodukte	Bienenwachs		
	Beesway	15,189	
	Birdsnest	20,447	
	Gamphor	4,053	
	Gutta Percha	246,473	
	India Rubber	52,360	
	Rattans	297,490	
	(Holz)		
	Timber	23,709	
Mineralien	Antimony	35,640	
	Coal	59,915	
	Gold	20,602	
	Quicksilver	16,900	
Culturprodukte u			
Manufact. es	Coprah		32,542
	Gambier /(Farbe)/		101,109
	Padi		2,849
	Pepper		231,813
	Sago flour		553,485
	Tobakko Borneo		18,000
	Vegetable Tallow		1,291
	Oel von Baumstamm		
See produkte	Fish	15,922	
Imports exportirt	Cloth	12,331	
	Opium	9,915	
	Rice	14,134	
	Sundries	27,815	
	Treasure	78,014	

Schiffe von u nach fremden Länder.
eingelaufen 35,794 tons
ausgeklart 36,674 "

***

Fortsetzung des Tagebuchs

8 volle Tage waren wir unterwegs, am

Dienstag den 28. Aug.

Mittags kamen wir zurück. An diesem Tage war nicht viel vorzunehmen. Ich inspicirte die S von meinen Leuten gemachten Sammlungen und freute mich, daß sie nicht so faul gewesen waren, als ich erwartet hatte. Es war eine Erquickung Nachts in dem Bette zu schlafen, wenn es auch hart war, so war es doch viel weicher als das Deck unserer Dampfbarkasse. Der nächste Tag verging mit Ordnen und Einpacken.

Donn. d. 30 Aug.

Früh machte ich einen weiteren Ausflug und schoß ein paar Vögel. Der Wald ist von Stimmen aller Art belebt, besonders bemerkbar ist das Klopfen eines Spechtes grün mit roth. Kopf u blauem Hals; von dem ich einige Ex. schoß. Das durchdringende Summen der Cikaden beginnt erst, wenn es heiß wird. Mehrfach rauschte es im dichten Walde, u dann kann man sicher sein, daß es entfliehende Affen sind. Am Nachmittag machte ich einen weiteren Ausflug im Boote. Es ist sehr amüsant, vorn [zu] in dem kleinen Dinge zu sitzen und zu Jagen. Wenn [es] die Sonne untergeht sieht man regelmäßig Affenherden (Macacas), die sich ihre Lagerplatze zurecht machen. Ich schoß einen herunter; Wir konnten ihn aber nicht bekommen, trotz starker Blutspuren. Sie sind außerordentlich zählebig. [Ic]

Am Abend ist es wundervoll auf der Verandah zu sitzen und den nächtlichen Stimmen des Waldes zu lauschen. Dann u wann hört man ein furchtbares Krachen, das allermählig erstirbt, ein Baum der Umfällt, u seine Nachbarn mit sich reißt.

Die Eingeborenen fällen Holz in der Weise, daß sie d. Bäume nur anschlagen u einen am Ende darauf fallen lassen. Es folgt dann die ganze Kette.

Uebrigens fanden wir vor meiner Thür heute eine stattliche Schlange, die zu den giftigsten in Borneo gehört, sie wanderte in Spiritus.

***

Von den Farrenkr. die hier vorkommen u [so] nahe am Hause im Walde sehr dichtes Jungle bilden von mannshöhe sind die gewöhnlichsten 2 Gleichenia, und die gemeinste Blecnum[275] orientale mit dicken lepiden[276] Wedeln.

***

1 Sept.

Ausflug weit i[h]n den Wald hinein. Kam in eine Hügelregion, hübscher Waldweg. Grotesker Anblick einer Gruppe

---

[275] *Gleichenia* und *Blechnum orientale*, s. Kükenthal 1896a, S. 257.

[276] Lepid: schuppig.

der großen rothen Semnopithekus in den Bäumen herum kletternd.

2 Sept.

Sonntag. Ruhetag. Ein Junge brachte einen jungen lebendigen Nycticebus,[277] den ich für einen Dollar erwarb. Regnerischer Tag. Die Moskiten sind entsetzlich. Außer den großen Schwarzweißen giebt es noch Schwärme von ganz Kleinen die Nachts die Maschen des Moskitonetzes passiren und den Schlaf verhindern. Habe deshalb im Bett ein 2tes kleines sehr dichtes Moskitonetz anbringen lassen. Mit Sehnsucht erwarte ich den Dampfer, der noch immer nicht kommen will.

***

Hose gab mir eine kurze Tabelle[278] der

Temperat.
Heißeste beobachtete Tag 15 Aug 1891
Max 33.2 C°
Min. 24.1
Mittlere T. 25.5
kälteste Tag 25. Jan 1891
Max 27.5

---

[277] *Nycticebus kayan,* Feuchtnasenprimat.
[278] Diese liegt im Original dem Tagebuch bei.

Min 21.4
Mittl T. 23.
Um 8 Uhr vormittags ist die mittlere Jahrestem, circa 25 °.

Der größte Beobachtete Regenfall an einem Tage war 3.43 engl Zoll.[279] Der Nordostmonsun beginnt Ende August bis März. [macht] schlechte Jahreszeit der Südwestmonsun von März bis August

Die Vorhaut bekommt einen longitud. Schnitt (– 15 Jahre)[280] Präputium retractum

Schnitt durch die Vorhaut alle Oeffnungen die ganze Seite hat das Gefühl verloren und er steckt vorn einen pflock durch[281]

4 Stück Bambus, flach, werden genommen u der P. eingepresst. Der Mann sitzt mitunter vorher eine Zeit lang in kaltem Wasser.

Bamboo round

Bohrer: ein rundes Stück Bambus, zugespitzt. Ein Mann hält die vier Bambusstücke, der Patient nimmt ein Stück Holz in den Mund um den Schmerz zu verbeißen, ein zweiter nimmt den Drill und reibt ihn in den Handflächen u das

---

[279] Ein englischer Zoll entspricht 2,54 cm.

[280] Zu dieser Sitte der Kayan berichtet Beccari 1904, S. 278: „The singular operation of ‚Perforation penis' performed by the Kayans is well known." Er verweist auf einen Aufsatz von Miklucho-Maclay 1876.

[281] Ab hier mit Tinte geschrieben, die Zeichnungen sind mit Bleistift ausgeführt, s. Abb. 16 und 17.

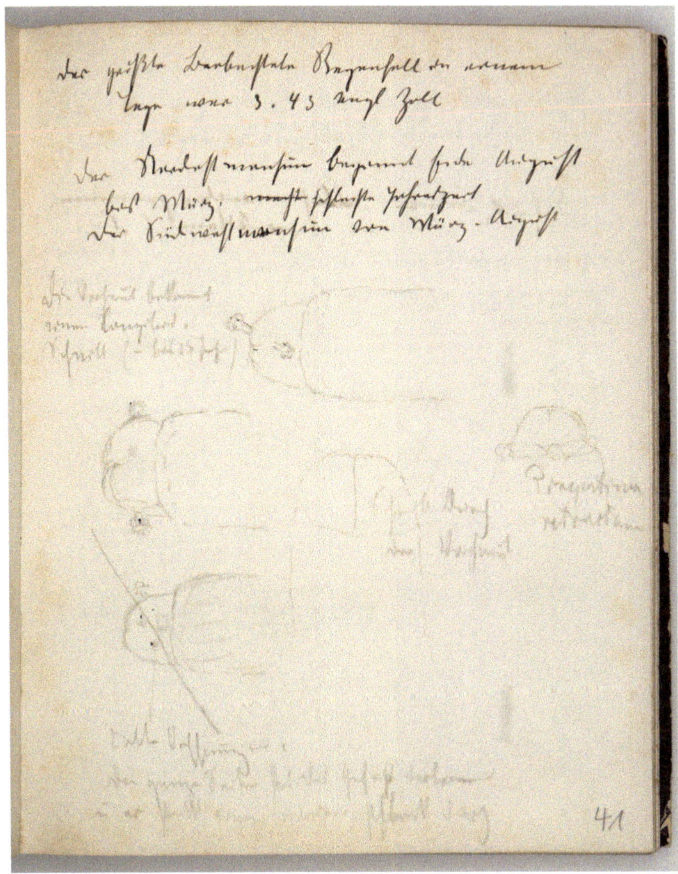

Abb. 16 Penisperforation; die Abbildung wurde nachbearbeitet, da im Original die Schrift der Rückseite stark durchscheint. (TB XV., S. 41, Privatbesitz)

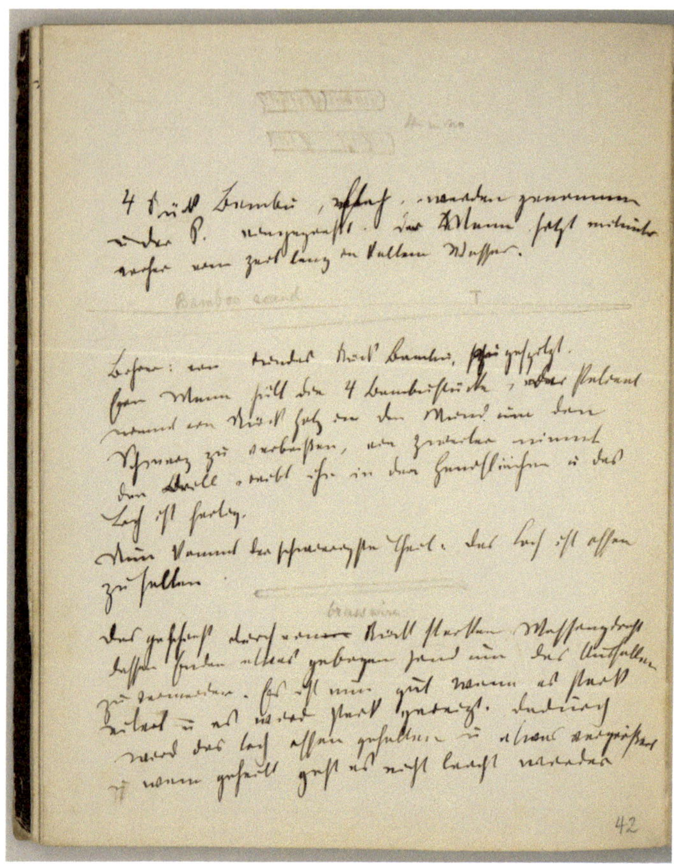

Abb. 17 Vier Bambusstücke zum Einpressen des Penis, Bambusbohrer, Messingdraht zum Offenhalten des Bohrloches; zur Bearbeitung siehe Abb. 16. (TB XV., S. 42. Privatbesitz)

Loch ist fertig. Nun kommt der schwierigste Theil: das Loch ist offen zu halten

brass wire

das geschieht durch ein Stück starken Messingdraht dessen Enden etwas gebogen sind um das Ausfallen zu vermeiden. Es ist nun gut wenn es stark eitert u es wird stark gereizt. Dadurch wird das Loch offen gehalten u etwas vergrößert u wenn geheilt geht es nicht leicht wieder zusammen.

Mr. Hose sagt es ist eine falsche Idee, daß jeder Kayan von diesen sonderbaren Dingern im Pen. haben muß. Viele haben es nicht u während der Tages arbeit ist der Reizapp gewöhnlich aus genommen. Mitunter wird es für mehrere Monate aus genommen der Reizapp besteht aus Knochen, gelegentl. aber selten von Holz, hat ein Schrauben ende um es auf zu machen. Mitunter sehr eingef. geschmückt, einer den Mr Hose sah hatte vergoldete Knöpfchen oft sind kurzgeschnittene Borsten daran befestigt.

Die gewöhnlichste Form sind [schwale] kleine Perlen.[282]

***

Der Coitus wird [ga] in ni öff. Form aus geübt. seltener sitzend.

Der Vater muß sich bei Geburt entfernen darf während dieser Zeit nicht essen, jagen etc hat sich hundertlei Sitten zu unterwerfen. z. B. [M] Frau ist schwanger, der Mann wird aufgefordert mit anderen auf die Jagd zu gehen (sie

[282] Kükenthal 1896a erwähnt die Sitte der Penisperforation bei den Kayan nicht.

[fra] würden nicht fragen, wenn sie wüßten daß seine Frau schwanger ist) Er antwortet „la malli“ d. h. [ni] ist mir nicht gestattet. Das genügt. Der Grund dafür ist, wenn er /z. B./ ein Thier mit dem Speere sticht, das Kind, wenn geboren würde dann das Zeichen der Speer wunde an derselben Stelle wie das Thier haben. Es würde stets eine gefährl. Stelle (z B im Kriege) sein.

Außerdem dürfen gewisse Speisen nicht genossen werden. Wenn ein Mann andeuten will daß seine Frau schwanger ist, so [ge] nimmt er einen Wirbel vom Tragulus,[283] u bindet ihn um das linke Fußgelenk. Es wird gewöhnlich nicht eher abgenommen [vo] ehe das Kind geboren ist. [daher] Es scheint, das nicht nur ein Zeichen zu sein, daß die Frau schwanger ist, sondern das Blandok[284] ist eines ihrer Omens u es ist ein Talisman, daß das Kind gut geboren wird.

***

Der Knochen ist gewöhnlich vom Flügel des gewöhnl. Sandpipers

***

Kayans Sibobs,[285] Kenniahs[286] haben dies andere Rassen haben es copirt z. B. Dajaks Das Reizmittel heißt Utang. Das M

[283] Zwergmoschushirsch, s. Kükenthal 1896a, S. 291.
[284] Offensichtlich nach Gehör geschrieben, s. Kükenthal 1896a, S. 291, wo „plandok” geschrieben wird.
[285] Hose und McDougall 1912, S. 120: Sebop.
[286] Hose und McDougall 1912, S. 30: Kenyah.

3. Sept.

Am Vormittag unternahm ich einen kurzen Ausflug, ohne etwas zu arbeiten. Bulang dagegen, der anscheinend einen Frucht baum gefunden hat, brachte eine Fülle [der rote] von Vögeln darunter allein 4 Pityriasis[287]. Von diesem seltenen Vogel habe ich jetzt mindestens 7 Stück. Der Nachmittagsspaziergang wurde in den Wald unternommen.

4 Sept.

Heute Morgen, als ich mit Hose zusammen bei der Arbeit saß u wir vielerlei besprachen [fand] hörten wir plötzlich in weiter Ferne eine Dampfglocke u eine Stunde später lief die Thri putri ein, ich gehe nunmehr nach Labuan.[288]

Ich habe Hose gebeten alle Post sachen an deutsche Konsulat zu senden; alle anderen an Behn, Meyer & Co.

***

Der Islam

macht bei den Stämmen des Inneren Borneo gar keine Fortschritte, trotz aller Versuche. Nur die [malay. Kü] Milawi[289] an der Küste werden Mos. Wenn ein Dajak oder Kayan sich zum Isl. bekennt so kann man sicher sein daß es nur ge-

[287] Siehe Fußnote zur Tagebucheintragung vom 8. August 1894.
[288] Britisch Nordborneo.
[289] Hose und McDougall 1912, S. 30: In Bruni and in all the coast regions the majority of the people are Mohammedan, [...] and call themselves Malays (Orang Malayu).

schieht um eine Malayin zu heirathen. Er wird aber bald darauf wieder Heide.

Dagegen ist es nicht ungewöhnlich, daß Malayen und Kayans zusammen wohnen u allm. deren Sitten u Religionen annehmen.

[290]

Kayans

sind nicht sehr hoch, 5,6 Zoll kleiner heller u gelblicher als die Malayen, auch die Dajak sind brauner als die Malays. Ganz helle Rasse sind die Pumens[291] Schön entwickelter Körper. am schönsten sind die Dajaks, ihre Gesichtszüge sind sehr angenehm. Kayans sehen viel mongolischer aus als Dajaks Die Augen der K. sind dunkel erscheinen größer durch Aus zupfen der Augenbrauen u Lidhaare ♂ u ♀ gewöhnlich vor der Heirath Das Haar ist bis [über] etwas über den Rücken fallend. Kurz zu beiden Seiten wird es bei den ♂ geschoren, u es fallen die Haare der Mitte wie eine Perücke, Nach vorn Ponyhaare, ♀ Haare etwas länger der Körper wenig behaart, sie reißen die Haare aus Die Nase ist flach gedrückt, große Nostrils[292] Backenknochen sehr hervorsteh. die Ohren sehr sonderbar. Durchlöchert bei ♂ längs des Randes, Ringe durch u lange Ohrläppchen, aber nicht so lang als ♀ bis auf Brust Hände u Füße schmal Mund groß, aber schmale Lippen die Zähne oft abgefeilt, vollkommen die Reste sehr schwarz mit Zuckerrohr und [Arroot]

[290] Ab hier mit Bleistift geschrieben.
[291] Hose und McDougall 1912, S. 30: Punans.
[292] Engl. nostril: Nasenloch.

einer Wurzel, zus. gebrannt. Bart selten, wenn dann sehr schwarz gewöhnlich aus gezupft. In den Ohren der Männer Eckzähne der Tigerkatze

[293]

d. 4.

Am Nachmittag besuchten wir die Thriputri ein kleines schmutziges ding. Die Leute sind beschäftigt eine Schlange abzubalgen, die ich heute Morgen bekommen habe, es ist ein nachwachsendes Ex. der kleineren Pythonart, [aber] mit einem eben verschluckten Huhn im Leibe. [Eb] Dann nahm ich ein Nycticebus[294] gehirn aus, u gegen Sonnenuntergang ging ich mit Hose in den Wald. Zuerst schoß ich einen Microhyrax[295] den kleinsten exist. Raubvogel, ein seltenes Thier, dann spazierten wir etwas tiefer in den Wald, als plötzlich eine seltene Erscheinung sich kund gab, 50 Schritte vor uns segelte eine [uns] Masse durch die Luft, ähnlich [wie ein] geformt wie ein Papierdrachen, auch in schräger Richtung wie dieser ohne die geringste Bewegung. Ich schoß mit dem Effect, daß es gegen den nächsten Baum anflog und diesen zu erklettern begann. Noch ein paar Schüsse u. er fiel herab. Es war ein pracht volles Exemplar eines Pteromys nitidus[296] von luchsbrauner Farbe. Mit großer Mühe holten wir es aus dem dichten Jungle.

[293] Ab hier mit Tinte geschrieben.

[294] Siehe Fußnote zur Tagebucheintragung vom 2. September 1894.

[295] Kükenthal 1896a, S. 258: *Microhierax fringillarius* Drap., „ein Tierchen von Drosselgröße".

[296] Pteromys nitidus: Großes fliegendes Eichhorn, s. Kükenthal 1896a, S. 258.

5.

[Gestern] Heute Abend schoß ich wieder einen Microhyrax, den ich aber leider nicht fand, u verrenkte mir in dem scheußlichen Jungle den Knöchel, [ho] später holte ich einen weiteren Pteromys aus der [hu] Luft herunter

6.

Früh 9 Uhr hörten wir zu unserer Ueberraschung die Dampf glocke der Adeh, Mittag ging ich an Bord, und fand Mathie der „Rajah Brooke" verläßt Kuching Montag früh, so daß ich ihn jedenfalls noch erreichen werde. Einer meiner Jungen wurde heute von einem großen Scolopender gebissen. Hatte etwas Schmerz aber nicht übermäßig viel.

7.

Abfahrt um ½ 10 Uhr. Wir gingen bei schönem Wetter rapid stromabwärts und erreichten die Mündung um ½ 4 Uhr Nachmittags. Da die Fluth noch nicht eingetreten war, begaben wir uns an Land, und spazierten herum Es steht hier ein origineller Leuchtthurm. eine Hütte mit Lampe hoch oben auf einem mächtigen Mastbaum, der durch Drahtseile befestigt ist. Das Licht ist 10 e. Meilen sichtbar.

Die Gegend ist vollkommen flach und reizlos; ich wanderte die schmale sandige Landzunge aufwärts und bemerkte viele Vögel von denen ich 2 schoß, eine Sterna bergeri[297] u einen Regenpfeifer?

[Am] Später fischten wir mit einem großen hier stationirten dredgenetz, die Leute manipulirten aber so ungeschickt, daß wir nicht viel erhielten, meist waren es Tetraodon u Igelfische Um ¼ 7 Uhr lichteten wir Anker und fuhren über die Barre. Es war eine ängstliche halbe Stunde. Wir hatten zwar /etwas/ weniger als 6 Fuß Tiefgang. Das Loth meldete aber bald 6 Fuß, und da etwas Seegang war, [saßen] schurrten wir fast unauf hörlich auf dem Sand grunde. Ein unangenehmes Gefühl. Minute auf Minute verrann. [bald] ein heftiger Stoß nach dem anderen ließ das Schiff erzittern, endlich aber meldete der Mann welcher lothete 6 ½ Fuß und gleich darauf 7, 9, 12 Fuß, so daß wir die Barre glücklich passirt hatten.

8.

Schlecht geschlafen, zu nervös. Das Wetter ist prächtig, Sonnen schein, das Schiff rollt in starker Dünung u Hose ist schon seekrank.[298]

---

[297] *Sterna bergi* Licht, siehe Kükenthal 1896a, S. 296. Myers 2009, S. 88, 89 nennt für diesen geografischen Bereich: *Sterna dougallii, Sterna sumatrana* und *Sterna hirundo.*

[298] Die Eintragungen in das Tagebuch XV. enden hier.

Ohne Datum[299]

1. Geschichte
2 Oberfläche
3 Geologie
4 Klima
5 Fauna
6 Flora
7 Ethnogr. u Anthrop.
8 Handel Industrie

18/8. f. Frankfurt

77 Vogelbälge
26 Säugethierbälge

20/8[300]

7 Vogelbälge[301]

Baram den 2. Sept. 94

Mein guter, lieber Schatz!

Mein Aufenthalt in Borneo neigt sich seinem Ende zu und sehnsüchtig erwarte ich ein Dampfboot, das mich von hier nach Singapore zurückbringt. Da hier keine geregelte Dampferverbindung existirt, die uns mit der Außenwelt

[299] Die folgenden Eintragungen sind auf der letzten Seite der Kladde.
[300] Eintragungen mit Bleistift.
[301] Ende der Eintragungen auf der letzten Seite der Kladde in Tb XV.

verbindet, so weiß ich noch nicht, wann und wohin ich zunächst reisen werde. Möglicherweise kann ich zurück nach Sarawaks Hauptstadt Kuching, wahrscheinlicher ist es aber, daß ich noch weiter ostwärts nach Labuan fahren muß, von wo directe Dampfer nach Singapore gehen. Wie ich Dir bereits mittheilte, verläßt mein Schiff Singapore am 23. Sept. und am 20. October bin ich in Genua. Ich sehne mich sehr danach wieder nach Hause zu kommen. Die Strapazen hier waren ganz außerordentlich. Doch habe ich die Genugtuung eine sehr glückliche Reise unternommen zu haben. Die Sammlungen sind prachtvoll und was Dich mehr interessieren wird, ich habe eine Fahrt bis ins unbekannte Innere von Borneo gemacht, die mir eine Fülle der interessantesten Beobachtungen an Land und Menschen brachte. Der fernste Punct den ich [ich] erreichte lag 210 englische Meilen von der Mündung des Baramflusses im Innern.

Zahllos sind die kleinen Abenteuer, Beobachtungen die ich unter den wilden Stämmen des Inneren gemacht habe. Im Gebirge fluß aufwärts reisend hatten wir das Unglück mit unserem Kanoe auf einen versunkenen Baumstamm zu rammen, und versanken fast augenblicklich, doch gelang es mir meine Sachen zu retten. Mit den Völkerschaften der Uereks, Kayans etc kamen wir in freundschaftliche Berührung, wir lebten und schliefen in ihren mit getröckneten Menschenköpfen geschmückten Häusern ganz comfortabel und hatten niemals ein Rencontre. Die Photographien, die ich hier angefertigt habe, die ersten die jemals von diesen Menschen gemacht sind, werden Dich amüsiren Die Bekleidung ist sehr einfach, eine schmale Lendenbinde, doch tättowiren sich die Frauen so kunstvoll, daß es auf einige Entfernung

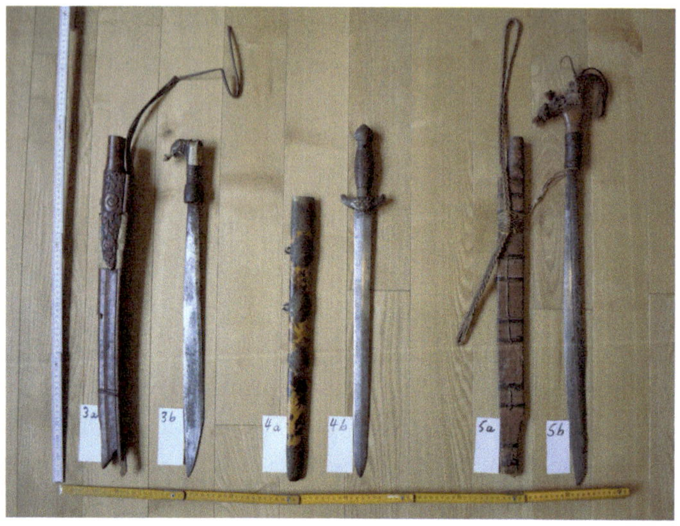

Abb. 18 Von W. K. mitgebrachte Waffen: Nr. 3 Kris und Scheide, Nr. 4 und 5: Schwerter und dazugehörende Scheiden. (Foto: Lena Laps, Oktober 2014. Privatbesitz)

aussieht, als ob sie dunkelblaue Beinkleider trügen. Ich habe ein dickes Tagebuch voll Aufzeichnungen allein von dieser Fahrt.

Wundervoll sind ihre Waffen, Blasrohre aus denen sie vergiftete Pfeile schießen, kunstvolle Schwerter und Lanzen, mit Scalpen geschmückte Schilder. Ich habe eine gute Collation von ihnen gemacht und Du wirst alles in Jena sehen.[302]

[302] Die Sammlung wird über Charlotte Bauer, geb. Kükenthal und Edith Wedel-Kükenthal, die beiden Töchter Kükenthals, weitervererbt. Wie weit sie noch in Privatbesitz ist, an Museen gegeben oder verkauft wurde, ist nicht bekannt, siehe Abb. 18–23.

Abb. 19 Detail zu 4a, Abb. 18. (Foto: Lena Laps, Oktober 2014. Privatbesitz)

Nach Baram zurückgekehrt, lebe ich sehr friedlich und beschäftige mich mit der Jagd und dem Conserviren der Beute. Die sumpfigen Wälder wimmeln von interessanten Thieren. Schwarze Gibbons, große rothe Affen und Schaaren von kleineren turnen in den Bäumen, von Raubthieren sieht man große wilde Katzen (aber keine Tiger) dann den Malayenbär u viele andere. Nur eines ist hier entsetzlich und macht das Leben geradezu unerträglich. Das sind die Moskitos. In dichten Wolken steigen sie aus dem Jungle auf, nirgends hat man Ruhe, der Körper ist vollkommen bedeckt mit schmerzenden Stichen, Nachts hat man keine Ruhe, die Haut brennt wie Feuer und es ist keine Aussicht auf Linde-

Abb. 20 Detail zu 4b, Abb. 18. (Foto: Lena Laps, Oktober 2014. Privatbesitz)

Abb. 21 Detail zu 5b, Abb. 18. (Foto: Lena Laps, Oktober 2014. Privatbesitz)

Abb. 22 Schild der Kayan mit Skalp. (Foto: Lena Laps, Oktober 2014. Privatbesitz)

rung vor der Abreise. Es ist eine wahre Hölle. Mr. Hose, mein Gastfreund sagt mir, daß Baram der schlimmste Platz in ganz Borneo in dieser Hinsicht ist. Du kannst Dir daher wohl denken, daß ich mich freue, wenn ich von hier erlöst wäre. Ich bin überzeugt, daß eine Europäerin es hier nicht aushalten könnte, sondern binnen kurzem entweder verrückt würde, oder dem den Moskitostichen folgenden Fieber erliegen würde. Ich habe mich ordentlich zu pflegen, auf der Heimreise um in Jena einigermaßen passabel zu erscheinen.

Ich hoffe, daß dieser Brief 1–2 Wochen vor meiner Ankunft in Jena Dich erreichen wird. Da ich keine Kleider für den europäischen Winter habe, so bitte ich Dich, den Stoff, den ich noch von Hans habe, zum Schneider Ebhardt zu schicken, mit dem Auftrage einen Anzug zu fertigen, nach

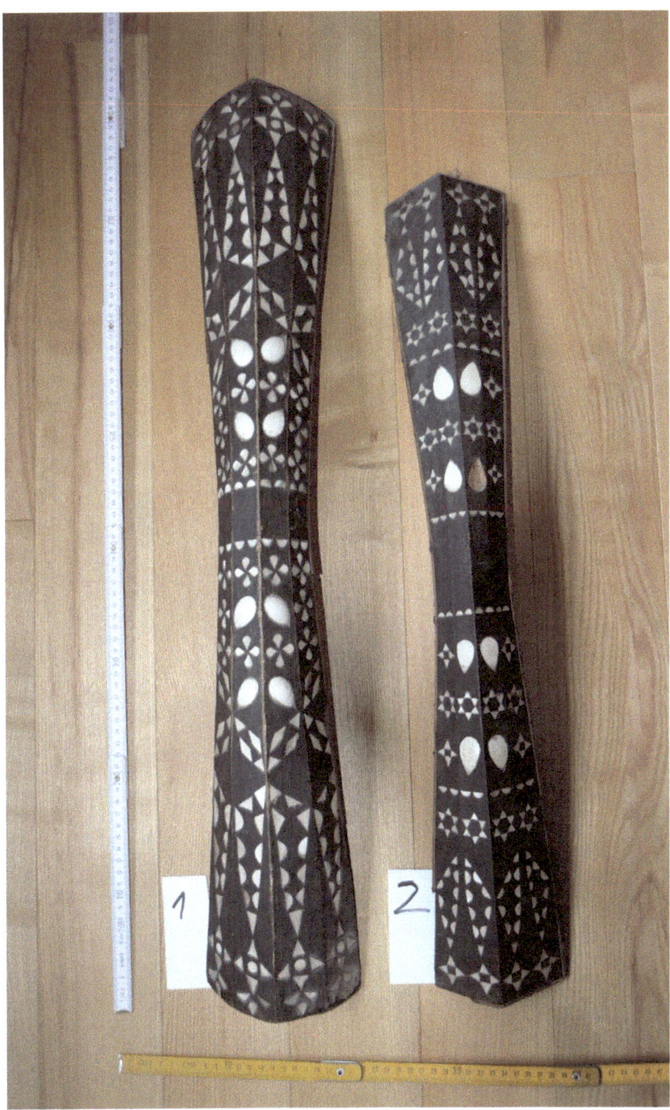

Abb. 23 Parierschilde von Alfuren, vermutlich aus Tobelo auf Halmahera. (Foto: Lena Laps, Oktober 2014. Privatbesitz)

dem Muster u Schnitt meines letzten; (einreihiges Jacket, weite Beinkleider) der hoffentlich bei meiner Ankunft fertig ist.

[Wenn ich unterwegs bin, kann ich natürlich nicht schreiben, da ich mit der Post reise, doch werde ich von Neapel aus telegraphiren. Sehr traurig bin ich, daß Du anscheinend meine letzten Briefe aus Ternate und Batjan nicht erhalten hast, ich schrieb darin, daß ich erst im October nach Haus kommen werde, – ich bin nun schon viele Wochen ohne jede Nachricht von Euch. Du kannst Dir nicht vorstellen, wie ich mich sehne etwas von Euch zu hören, und anstatt der paar kurzen Postkarten, die ich zuletzt empfing, hätte ich gerne einen ausführlichen Brief gehabt. Nun ist es zu spät.] Einige Tage nachdem Du diesen Brief erhalten hast, bin ich wieder im alten Europa. Sende diesen Brief unseren Eltern mit vielen Grüßen von Deinem

Dich innig liebenden Bill

An den Rand geschrieben:

7. Sept.

Eben läuft der Dampfer von Kuching ein, und bringt mir eine Fülle von Briefen. Habe mich sehr über gute Nachrichten gefreut Deine Briefe datiren vom 18. Mai bis zum 2. Juli. Lottens Bild ist prächtig. Bitte sage Haeckel, daß ich seinen Brief vom 22. Mai soeben erhalten habe u grüße ihn vielmals von mir. Gehe morgen über Sarawak (Kuching) nach Singapore.

Biografie, 2. Teil, Willy Kükenthal: 1894–1922

Nach seiner Rückkehr aus dem Malaiischen Archipel im Oktober 1894 nimmt Kükenthal seine Tätigkeit als Ritter-Professor in Jena wieder auf. Über seine Forschungsreise hält er in einer Sitzung der Senckenbergischen Gesellschaft im Dezember 1894 einen Vortrag. Darüber wird im Protokoll der Sitzung berichtet. Anders als in den Briefen an seine Frau werden in diesem Protokoll die „Gefahren der Wildnis und des Klimas“[303] und die gesundheitlichen Risiken deutlich dargestellt: Malaria und Infektionskrankheiten der Haut[304], Angriff durch Tiere und die Giftmischerei der Malayen in Halmahera.[305] Die Senckenbergische Gesellschaft und Kükenthal selbst sehen den wichtigsten Ertrag seiner Reise in der faunistischen Erforschung der Insel Halmahera[306] und in seinem tiefen Vordringen in das Innere von Borneo.[307] 1896 und 1897 erscheinen seine beiden umfangreichen Berichte über die Reise und ihre zoologischen Erkenntnisse.

[303] Bericht über die Senckenbergische naturforschende Gesellschaft 1895, S. XCIII.
[304] Ebd., S. XCVI.
[305] Ebd.
[306] Ebd., S. XCIII.
[307] Ebd., S. XCIX–C.

S. Bauer, *Briefe und Tagebuchaufzeichnungen Willy Kükenthals von seiner Reise in den Malaiischen Archipel 1893–1894*, https://doi.org/10.1007/978-3-662-54877-6_4

Bereits 1896 kündigt sich an, dass für Kükenthals Familienleben eine dramatische Wendung zu befürchten ist. Wann bei Margarethe Kükenthal die Diagnose Lungentuberkulose zuerst gestellt wird, ist nicht bekannt. An Haeckel schreibt Kükenthal aus Messina im März 1896: „Der Gesundheitszustand meiner Frau ist soweit ganz befriedigend, leider hustet sie noch immer, doch hoffe ich, daß die warme, ja heiße Witterung, die wir hier haben, sie bald gesund machen wird."[308] Aber schon im Februar 1897 sieht er die Lage als ernst an, wenn er Haeckel schreibt: „Mir wird immer ganz warm ums Herz wenn ich an die schönen Zeiten im vorigen Frühjahr zurückdenke, die ich in Messina erlebt habe, waren es doch die letzten, verhältnismäßig sorgenlosen Tage, die ich mit meiner guten Frau genossen habe, und deren Wiederkehr in so weite Ferne gerückt ist."[309] Zu dieser Zeit ist Margarethe Kükenthal wohl schon in dem 900 Meter hoch gelegenen Ort Les Avants bei Montreux. Dort stirbt sie drei Jahre später, im September 1900, dreißig Jahre alt. Für seine beiden Töchter stellt Kükenthal eine Erzieherin ein, die bis zu ihrem Lebensende im Dienste der Familie bleibt. Er heiratet nicht ein weiteres Mal.

Professor für Zoologie an der Universität Breslau 1898–1918

Carl Chun, Ordinarius für Zoologie an der Universität Breslau, hatte 1898 einen Ruf an die Universität Leipzig ange-

[308] EHH A-Abt.1, Nr. 2395/16.
[309] EHH A-Abt.1, Nr. 2395/17.

nommen und „erlaubt sich" deshalb am 11. März dieses Jahres, dem Dekan der philosophischen Fakultät die Frage vorzulegen, ob „eine Commission zum Zwecke der Wiederbesetzung der Zoologischen Professur"[310] eingerichtet werden soll. Der Dekan reagiert am selben Tag und bildet die Kommission, in die er sechs Mitglieder beruft, ferner Chun selbst.

Schon am 10. März allerdings erhält Haeckel ein vertrauliches Schreiben von Ludwig Elster, Vortragendem Rat im preußischen Kultusministerium, der zuständig ist für die Hochschulen. Elster hatte 1878 in Jena promoviert und war vor seinem Eintritt in das Ministerium als Nachfolger Friedrich Althoffs im Jahr 1897 zehn Jahre lang ordentlicher Professor für Nationalökonomie in Breslau gewesen.

Er informiert Haeckel über ein Gespräch, das er mit Chun nach dem Tode des Zoologen Leuckart geführt hatte. Leuckart, ordentlicher Professor für Zoologie in Leipzig, stirbt am 6.2.1898. Elster und Chun sprechen kurz darauf darüber, ob Chun die Nachfolge Leuckarts antreten werde. Bei dieser Gelegenheit „nannte er mir privatim als seiner Ansicht nach für den Breslauer Lehrstuhl vor allem in Betracht kommende Persönlichkeiten an erster Stelle Blochmann-Dorpat, an zweiter Stelle Braun-Königsberg und Kükenthal-Jena, an dritter Seeliger-Berlin."[311] Diese angeblich private Äußerung veranlasst Elster am 10. März zu der Bitte an Haeckel: „würde ich Ihnen zu besonderem Danke verpflichtet sein, wenn Sie mir Ihre Ansicht über die Genannten mitteilen und mich gleichzeitig wissen lassen wollten, ob auch Sie dieselben in der oben genannten

[310] UAB, F 85, October 1840 bis Januar 1925, Vol I, Fach No 10, Blatt 120.
[311] EHH, A-Abt.1, Nr. 2395/19.

Reihenfolge vorschlagen möchten. [...] Daß ich Ihre Mittheilungen, für welche ich Ihnen im voraus bestens danke, als streng vertraulich ansehen und behandeln werde, brauche ich wohl nicht ausdrücklich hinzuzufügen."[312]

Haeckel informiert Kükenthal über diese Vorschläge Chuns brieflich. Bereits am 14. März, bevor die Fakultätskommission tagt, antwortet Kükenthal Haeckel aus Les Avants, wo er seine kranke Frau besucht: „Ihr Brief, den ich gestern erhielt, hat, wie Sie sich wohl denken können, wie eine Bombe eingeschlagen. Ich hatte ja keine Ahnung, daß die Sache so schnell zur Erledigung kommen würde. [...] Auf jeden Fall bin ich Ihnen aber sehr dankbar, daß Sie sich meiner so thatkräftig angenommen haben."[313]

Die von diesem Briefwechsel wohl kaum etwas ahnende Kommission in Breslau tagt vier Tage, nachdem Kükenthal diesen Brief schreibt, und zwar am 18. März unter Vorsitz des Anglisten und Skandinavisten Eugen Kölbing. Sie berät zusammen mit Chun über die Nachfolge, beschließt aber noch nichts. Bis zum 26. Juli setzt nun hektische Aktivität an der Universität ein, kombiniert mit Intrigen und Versuchen, den einen zu verhindern, den anderen zu fördern, je nachdem. Der Kurator drängt, die Fakultät möge „schleunigst"[314] Vorschläge zur Wiederbesetzung machen, die Fakultät ist sich nicht einig, einzelne Mitglieder sind verschnupft.[315] Am 12. Mai trifft bereits ein Mahnschreiben des Kurators ein, die Vorschläge einzureichen.[316]

[312] EHH, A-Abt.1, Nr. 2395/ 19.
[313] EHH, A-Abt.1, Nr. 2395/20.
[314] UAB, F 85, Blatt 144.
[315] So Chun selbst: UAB, F 85, Blatt 148.
[316] UAB, F 85, Blatt 174.

In einer mehrseitigen Stellungnahme[317] setzt sich Chun für Blochmann, Kükenthal und Seeliger ein, wie schon im Gespräch mit Elster angekündigt. Er würdigt ihre zoologische Forschung ausführlich. Bei seinen Ausführungen über Kükenthal distanziert sich Chun von Haeckel, indem er über Kükenthal positiv bemerkt: „Obwohl er ein spezieller Schüler von Haeckel ist, so theilt er doch keineswegs mit den meisten desselben die Neigung zu weit über den Gegenstand hinaus schießenden Spekulationen.“[318]

Zu diesem Zeitpunkt hatte Haeckel, unter anderem durch seine Rede auf der 50. Versammlung deutscher Naturforscher und Ärzte 1877, seine Kontroverse mit seinem früheren akademischen Lehrer Virchow und durch die Veröffentlichung von *Der Monismus als Band zwischen Religion und Wissenschaft* im Jahr 1892 einige Wissenschaftler gegen sich aufgebracht, unter ihnen offensichtlich auch Chun.

Chuns Einschätzung der Haltung Kükenthals ist richtig. Kükenthal steht zwar bis kurz vor Haeckels Tod in einem herzlichen Briefwechsel mit ihm. Für seine Töchter war Haeckel „Onkel Ernst.“ Aber dem 1906 gegründeten Monistenbund bleibt Kükenthal fern. 1909 nutzt er bei einem Vortrag zu Ehren Darwins die Gelegenheit zur Distanzierung von Haeckels philosophisch-religiösen Ambitionen. Er weist darauf hin, Darwin hätte eine solche Grenzüberschreitung von der Naturwissenschaft zu religiösen Themen gewiss nicht gebilligt.[319]

1910, auf dem Höhepunkt der Kontroverse zwischen Haeckel und dem reaktionären Keplerbund, der Darwins

[317] UAB, F 85, Blatt 165–173.
[318] UAB, F 85, Blatt 168.
[319] Kükenthal 1909a, S. 4.

Evolutionstheorie aus christlicher Sicht bekämpft, stellt sich Kükenthal mit anderen wichtigen Biologen in einer Erklärung vor Haeckel.[320] Für die Festschrift zu Haeckels 80. Geburtstag 1914 mit dem Titel *Was wir Ernst Haeckel verdanken. Ein Buch der Verehrung und Dankbarkeit* schreiben 123 ehemalige Schüler einen Beitrag, nicht aber Kükenthal.[321]

Am 16. Mai gibt die Kommission der philosophischen Fakultät in Breslau dem Dekan ein Votum ab. Sie stellt sich „zunächst auf den Standpunkt, dass als Nachfolger Chuns ein tüchtiger Zoologe in Betracht kommen müsse, der gleichzeitig eine umfassende Kenntniss der Museumsgeschäfte besitzt."[322] Diese wird den von Chun vorgeschlagenen Bewerbern Kükenthal und Seeliger rundweg abgesprochen, bei Kükenthal, „einem Schüler Haeckels"[323], wird überdies bemängelt, er beherrsche die Mikroskopiertechnik nicht. Ein an den Rand der Akte von einem Anonymus geschriebener Hinweis, Kükenthal habe 1885 ein Buch über die „mikroskopische Technik im zoologischen Laboratorium"[324] geschrieben, wird von anderen Kommissionsmitgliedern nicht kommentiert. Die Kommission spricht sich einstimmig für Friedrich Blochmann aus.[325]

Am 22. Mai leitet der Dekan den Vorschlag der Kommission weiter.[326] Am 26. Juli 1898 teilt dann aber der Kurator Kükenthal mit, „daß Seine Majestät der Kaiser und König,

[320] Haeckel 1910, S. 52.
[321] Schmidt-Jena 1914, Bd. II, S. 414–416.
[322] UAB, F 85, Blatt 175.
[323] UAB, F 85, Blatt 176.
[324] UAB, F 85, Blatt 176.
[325] UAB, F 85, Blatt 181.
[326] UAB, F 85, Blatt 183.

mein allergnädigster Herr, geruht haben, Sie zum ordentlichen Professor in der philosophischen Fakultät der Universität zu Breslau zu ernennen."[327]

Das Datum des Schreibens oben rechts ist vom Feuer weggefressen, das ein Artillerieangriff 1945 auf das Universitätsarchiv Breslau entzündet haben muss. Der ganze Band „Acta betreffend das Lehrfach der Zoologie" zeigt Kriegsschäden. Allerdings boten die dicht aneinander liegenden Seiten offensichtlich so wenig Sauerstoff, dass das Feuer nur am Rand angreifen konnte.

Warum das Ministerium vom Vorschlag der Kommission abgewichen ist, ist den Universitätsakten – wie zu erwarten – nicht zu entnehmen.

Im Sommersemester 1898 stürzt Kükenthal sich in die Arbeit an seiner neuen Universität. Er findet sie reichlicher vor, als er vielleicht erwartet hat. In einem Brief an Haeckel vom November 1898 macht er aus seinem Herzen keine Mördergrube: „Als ich die Räume des sog. zoologischen Instituts betrat, erfaßte mich doch ein gewaltiger Schreck. [...] Die Zimmer sind niedrig, die Fenster natürlich klein, so daß ein malerischer Halbdunkel herrscht, und es herrschte eine Unordnung und ein Schmutz, die unbeschreiblich sind. Die nächste Zeit verging natürlich mit Aufräumen. Laboratoriumseinrichtung fehlte bis dahin, so daß der Rest meines einzigen (1800 Mark betragenden) Etats bereits fast aufgebraucht ist. Von Microscopen finden sich nur alte unbrauchbare Instrumente vor. Die große Sammlung, die zum Theil in den Arbeitsräumen, zum größeren Theil ein Stockwerk tiefer sich in einem riesigen andern Saa-

327 UAB, F 85, Blatt 196; s. Abb. 24.

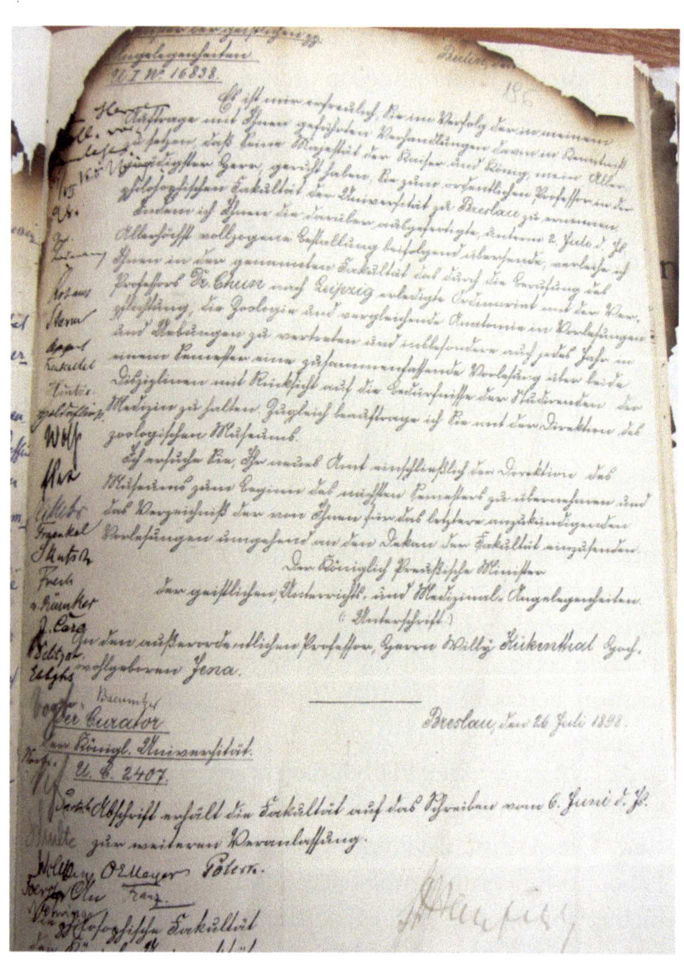

U. I. No 16838.

Berlin, den

Es ist mir erfreulich, Sie im Verfolg der im meinem Auftrage mit Ihnen gepflogenen Verhandlungen davon in Kenntniß zu setzen, daß Seine Majestät der Kaiser und König, mein Allergnädigster Herr, geruht haben, Sie zum ordentlichen Professor in der philosophischen Fakultät der Universität zu Breslau zu ernennen. Indem ich Ihnen die darüber ausgefertigte, unterm 2. Juli d. Js. Allerhöchst vollzogene Bestallung beifolgend übersende, verleihe ich Ihnen in der genannten Fakultät das durch die Berufung des Professors Dr. Chun nach Leipzig erledigte Ordinariat mit der Verpflichtung, die Zoologie und vergleichende Anatomie in Vorlesungen und Übungen zu vertreten und insbesondere auch jedes Jahr in einem Semester eine zusammenfassende Vorlesung über beide Disziplinen mit Rücksicht auf die Bedürfnisse der studierenden Mediziner zu halten. Zugleich beauftrage ich Sie mit der Direktion des zoologischen Museums.

Ich ersuche Sie, Ihr neues Amt einschließlich der Direktion des Museums zum Beginn des nächsten Semesters zu übernehmen und das Verzeichniß der von Ihnen für das letztere anzukündigenden Vorlesungen umgehend an den Dekan der Fakultät einzusenden.

Der Königlich Preußische Minister
der geistlichen, Unterrichts- und Medizinal-Angelegenheiten
(Unterschrift)

An den außerordentlichen Professor, Herrn Willy Kükenthal Hochwohlgeboren Jena.

Der Curator der Königl. Universität.
U. C. 2407.

Breslau, den 26. Juli 1898.

Abschrift erhält die Fakultät auf das Schreiben vom 6. Juni d. J. zur weiteren Veranlassung.

Abb. 24 Schreiben des Kurators an W. Kükenthal vom 26. Juli 1898. UAB, F , Blatt 196. (Foto: S. Bauer, Juni 2015)

le befindet, ist in vollstem Verfall begriffen die kostbare, viele Schränke füllende Insectensammlung ist bereits zum Theil vernichtet. Ferner fehlt es an Arbeitskräften. [...] Ein alter 80 jähriger Präparator und ein fast ebenso alter Diener sind meine Hilfskräfte. Wenn ich nicht Krumbach[328] hier hätte, der sich sehr gut anläßt, wäre ich gar nicht im Stande etwas vorzunehmen."[329] Immerhin kann er Haeckel berichten: „Einen Trost gewährt es mir, daß ich die Baupläne zum neuen Institut bereits in Händen gehabt habe, und daß doch in wenigen Jahren voraussichtlich der Neubau zu Stande kommt. Es geht hier alles so entsetzlich langsam und bureaukratisch!"[330] Man könnte diese Klagen den Schwierigkeiten des Neubeginns zuordnen. Aber noch dreizehn Jahre später, im Rückblick auf die Entwicklung der Zoologie in Breslau bei der Hundertjahrfeier der Universität 1911, findet er deutliche Worte für die damaligen Zustände im Institut und im Zoologischen Museum.

Hervorgegangen sind die zoologischen Museen häufig aus den Naturalienkabinetten des 18. Jahrhunderts, die eine vertiefte Beschäftigung mit Naturgeschichte ermöglichen sollten. Der Gründer des Zoologischen Museums in Breslau, Johann Ludwig Christian Gravenhorst, Professor der Zoologie 1857, baut das Zoologische Museum aus dem naturwissenschaftlichen Kabinett der ehemaligen Leopoldina in Breslau auf, dazu kommen Museumsstücke aus der Viadrina in Frankfurt an der Oder. Beide Universitäten,

[328] Thilo Krumbach (1874–1949) promoviert 1907 bei Kükenthal über das Thema *Beiträge zur Kenntnis der Meduse Eleutheria (Clavatella) aus dem Golfe von Triest.*

[329] EHH, A-Abt.1, Nr. 2395/22.

[330] EHH, A-Abt.1, Nr. 2395/22.

Leopoldina und Viadrina, werden 1811 in Breslau zu einer neuen Universität vereinigt. Das Material reicht trotzdem nicht aus für die Lehre. 1814 kauft der Staat Gravenhorsts Privatsammlung gegen eine Leibrente von 150 Talern im Jahr. 1820 wird das Museum auch für das Publikum zugänglich gemacht. Mit einem Aufruf an die schlesische Bevölkerung, dem Museum Exemplare interessanter Tiere zu übergeben, begründet Gravenhorst die Sammlung schlesischer Tiere (Abb. 25).

Noch als Kükenthal am 15. Februar 1900 Haeckel zum Geburtstag gratuliert, ist der Baubeginn für Institut und Museum nicht in Sicht. Aber, immerhin: „Nun, glücklicherweise ist jetzt Aussicht auf den schon lange geplanten Neubau. Der Finanzminister hat sich endlich damit einverstanden erklärt, und beschlossen das von mir ausersehene Grundstück anzukaufen (für eine Viertelmillion!) danach wird es noch einige Zeit dauern bis wir anfangen können, da augenblicklich noch die Garnisonsbäckerei auf dem Grundstück steht, die erst abgerissen werden kann, wenn die neue gebaut ist, also in etwa 1½ Jahren. Also werden wir nicht vor 4–5 Jahren in unser neues Heim einziehen können. Diese Zeit soll dazu benutzt werden das Museum wieder auf die frühere Höhe zu bringen. Zur Neuordnung der Sammlungen ist in den Etat eine Extrasumme von 8000 Mark eingestellt, die ich einige Jahre hindurch erhalten werde. Damit läßt sich schon etwas machen.“[331] „Seitdem das Museum dem Publikum geöffnet worden ist, haben wir an jedem Besuchstage 500–700 Personen zu verzeichnen.“[332]

[331] EHH, A-Abt.1, Nr. 2395/26.
[332] EHH, A-Abt.1, Nr. 2395/33.

Abb. 25 Die Direktoren des Zoologischen Museums Breslau, Gravenhorst, Grube, Chun und Kükenthal. (Foto: S. Bauer, Juni 2015)

Das Museum liegt in der Sternstraße 21 (heute: Uliza Henryka Sienkiewicza 21), daneben ist das Zoologische Institut. Vor ein paar Jahren wurde es erneut renoviert, denn die Gebäudereparaturen unmittelbar nach dem Krieg waren wenig zufriedenstellend. In der zerstörten Stadt gab es 1945 Probleme, die mehr auf eine Lösung drängten als die Instandsetzung des Museums. Bei der erneuten Renovierung entdeckte man die originale Treppenhausbemalung aus der Bauzeit zu Beginn des 20. Jahrhunderts, die dem Zeitgeschmack entsprechend, von starken Farben geprägt ist. Die Bombardierungen von 1944 und 1945 hatten 90 % der Sammlungen zerstört und 50 % des Gebäudes.[333] Die Walskelette aus der Arktis blieben unversehrt (Abb. 26).

Der Bau von Museum und Institut wird 1904 abgeschlossen. Am 1. August desselben Jahres wird die Einweihung gefeiert.

Zunächst aber fällt Kükenthal aus anderen Gründen die Eingewöhnung in Breslau schwer. Nicht nur die Sorgen um die Familie machen ihm zu schaffen: „Bis jetzt habe ich mich in Breslau nicht einleben können; zum Theil mag es ja daran liegen, daß ich gezwungen bin ohne meine Familie zu hausen, zum größeren Theil liegt es aber an Breslau selbst. In vieler Hinsicht ist Jena großstädtischer als Breslau! Sie glauben gar nicht, was hier für ein bornirtes Philisterthum ins Kraut schießt!“[334]

Über die Breslauer beschwert er sich schon ein Jahr früher mit den deutlichen Worten: „So vieles was uns in Jena als ganz alltäglich und selbstverständlich erschien, gilt hier als

[333] Wiktor 2002, S. 103.
[334] EHH, A-Abt.1, Nr. 2395/26.

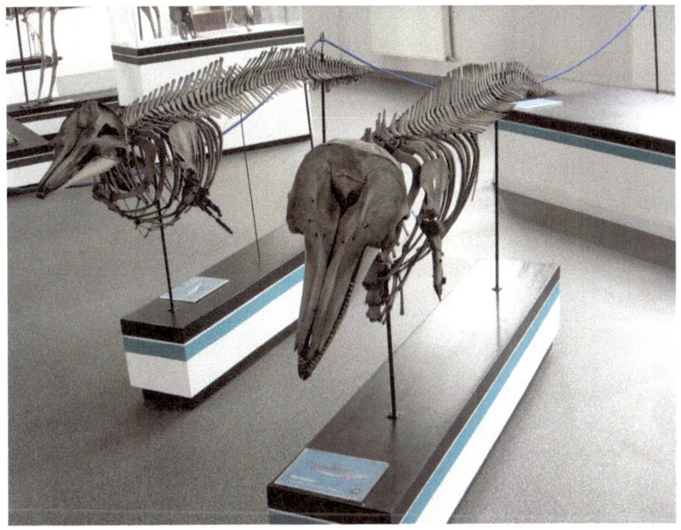

Abb. 26 Walskelette, von Kükenthals Spitzbergenexpedition 1886, Zoologisches Museum Wroclaw. (Foto: S. Bauer, Juni 2015)

neu und regt die Leute auf. Im Humboldtverein z. B. halte ich drei Vorträge „Ueber den Ursprung des Menschen" vor etwa 600 Menschen, und muß, da der Saal nicht mehr Personen fassen kann, diese Vorträge wiederholen, da sich 1300 Anmeldungen dazu vorfanden. Auch mein Publicum über Darwinismus ist noch jetzt bis auf den letzten Platz besetzt, und ich bin sicher, daß dieser Erfolg in erster Linie dem Umstande zu verdanken ist, daß ich Ihr Schüler bin. Ob man freilich in Berlin mit dieser Seite meiner Thätigkeit einverstanden ist, ist mir sehr zweifelhaft. Doch ‚Impavidi progrediamur‘!“[335]

In den zwanzig Jahren, die Kükenthal in Breslau tätig ist, schließen dreiunddreißig seiner Schüler ihre Doktorarbeit mit Erfolg ab, darunter etliche, die bedeutende Zoologen an Universitäten, Museen oder sonstigen Einrichtungen geworden sind, wie Robert Hartmeyer,[336] August Pütter,[337] Martin Schwartz,[338] Viktor Julius Franz,[339] Thilo Krumbach,[340] Ferdinand Albert Pax[341] und Friedrich Zacher[342]. Auch zwei Frauen promovieren bei ihm: 1909 legt als erste Else Silberfeld[343] ihre Dissertation über *Japanische Antipatharien* vor. Im November desselben Jahres besteht sie die mündliche Prüfung in Physik, Botanik und Philosophie als Nebenfächern sowie Zoologie als Hauptfach. Ihre Promoti-

[335] EHH, A-Abt.1, Nr. 2395/24. Das Motto Haeckels "Impavidi progrediamur“: Unerschrocken schreiten wir vorwärts.

[336] Robert Hartmeyer (1874–1923) promoviert 1898 über *Die Monascidien der Bremer Expedition nach Ostspitzbergen im Jahre 1889.*

[337] August Pütter (1879–1929), *Das Auge der Wassersäugetiere*, 1901.

[338] Martin Schwartz (1880–1947), *Beiträge zu einer Naturgeschichte der Tomopteriden,* 1905.

[339] Viktor Julius Franz (1883–1950), *Zur Anatomie, Histologie und funktionellen Gestaltung des Selachierauges,* 1905. 1945 wird Franz wegen seines frühen Eintretens für den Nationalsozialismus von seinem Amt als Professor der Zoologie suspendiert.

[340] Thilo Krumbach: siehe Fußnote zum Brief an E. Haeckel vom November 1898.

[341] Ferdinand Albert Pax (1885–1964), *Vorarbeiten zu einer Revision der Familie der Actiniidae,* 1907.

[342] Friedrich Zacher (1884–1961), *Beiträge zur Revision der Dermapteren,* 1910.

[343] Else Silberfeld, (1885–?), „mosaischer Konfession“, wie sie in ihrem Lebenslauf schreibt, besucht 1892–1902 die Augusta-Schule in Breslau und im Anschluss daran die "städtischen Realgymnasialkurse“. Ostern 1906 besteht sie am Realgymnasium zum Zwinger die Abiturprüfung und studiert dann Naturwissenschaften mit dem Schwerpunkt Zoologie, zunächst in Heidelberg, dann sechs Semester in Breslau.

on findet im Februar 1910 statt. Bei diesem Anlass hat sie einen Vortrag zu halten und wählt das Thema „Der Einfluss der festsitzenden Lebensweise auf die Tiere“. Eva Bielschowsky[344] promoviert 1918 über *Eine Revision der Familie Gorgoniidae*. Das Themenverzeichnis der 33 Dissertationen zeigt, dass Kükenthal seine Doktoranden keineswegs auf seine eigenen Forschungsschwerpunkte festlegt. Zwar untersuchen die meisten von ihnen meeresbiologische Fragen, insbesondere zu Walen, anderen Wassersäugetieren und verschiedenen Korallen, aber wenn Studenten andere Interessen haben, werden auch diese gefördert.

Ein berühmter Schüler Kükenthals ist Walther Arndt,[345] der ihm 1921 an das Museum für Naturkunde nach Berlin als Assistent folgt. Arndt ist geprägt durch seine Erlebnisse in russischer Kriegsgefangenschaft, in die er 1914 als Unterarzt eines Lazaretts gerät und erst 1918 zum ersten Mal, 1919 zum zweiten Mal entlassen wird. Am Berliner Museum wird er 1925 Kustos für Schwämme, für deren Erforschung er Weltruf genießt.[346] Den Nationalsozialismus lehnt Arndt von Anfang an ab und macht auch keinen Hehl aus seiner Gegnerschaft, „wenngleich er nie politisch aktiv wurde.“[347] Im Juli 1943 äußert er sich seinem Fachkollegen Wolfgang Stichel gegenüber offen, obwohl er weiß, dass dieser Parteigenosse und Mitglied der SS ist. Stichel erstattet Anzeige, im Januar 1944 wird Arndt von der Gestapo verhaftet. Zahlrei-

[344] Eva Bielschowsky (1891–?).
[345] Walther Arndt (1891–1944). Die weiteren Ausführungen zu Arndt folgen Sudhaus 2015.
[346] Die außerordentliche wissenschaftliche Leistung von Arndt kann hier nicht gewürdigt werden, umfassend dazu Sudhaus 2015.
[347] Sudhaus 2015 S. 107.

che Fachkollegen aus dem In- und Ausland, aber auch andere richten Gnadengesuche an das zuständige Reichsministerium.[348] Am 26. Juni 1944 wird Walther Arndt hingerichtet.

1963 erscheint eine Festschrift zu Ehren von Friedrich Zacher. Zacher ist nach seiner Promotion bei Kükenthal ab 1911 an der Biologischen Reichsanstalt in Berlin-Dahlem als Oberregierungsrat und Vorstand des Labors für Vorrats- und Speicherschädlinge. Nach dem Zweiten Weltkrieg ist er Abteilungsleiter am Institut für Ernährungs- und Verpflegungswissenschaft und an der Technischen Hochschule Charlottenburg Honorarprofessor. 1952 geht er in den Ruhestand.

Schon als Junge begeistert er sich für die Insektenkunde und darf mit Erlaubnis Kükenthals als Student die Sammlung der Orthopteren ordnen. „Als Zacher dann Kükenthal um ein Thema für seine Doktorarbeit bat, so erhielt er, wie F. Pax erzählt, den überraschenden Bescheid: ‚Nein, mein Lieber, von Ihnen will ich eine entomologische Arbeit haben, und diese sollen Sie sich selbst aussuchen.' Diese Antwort, so fährt Pax in seinem Bericht fort, ist ebenso bezeichnend für die Wertschätzung, derer sich der junge Student bei seinen akademischen Lehrern erfreute, wie für die Einstellung Kükenthals zu den Aufgaben eines Hochschullehrers. Im Gegensatz zu vielen seiner Fachkollegen hat Kükenthal niemals versucht, eine Schule zu bilden und war keineswegs unangenehm berührt, wenn ein Teil seiner Schüler sich Aufgaben zuwandte, die seinen eigenen wissenschaftlichen Interessen fernlagen."[349]

---

[348] Ein Überblick bei Sudhaus 2015, S. 118–122.

[349] Weidner 1963, S. 12.

Einer von Kükenthals Assistenten erinnert sich: „Als ich in meinem 5. Studiensemester Assistent bei ihm wurde, in seinem Kolleg durch Bereitstellen von Präparaten und Projizieren von Bildern helfen mußte, habe ich nur freundliches und auch geduldiges Verhalten von ihm bemerkt.“[350]

Forschungsreisen zu den Westindischen Inseln, nach Korsika und nach Kalifornien

Am 15. Dezember 1906 tritt Kükenthal, zusammen mit Robert Hartmeyer, der mittlerweile Assistent am Königlich Zoologischen Museum in Berlin ist, eine Forschungsreise zu den Westindischen Inseln an. Die Reise wird gefördert von der Königlich Preußischen Akademie der Wissenschaften. Kükenthal hatte in seinem Förderungsantrag dargelegt: „Das Studium der Weichkorallen, dem ich mich seit eine [sic!] Anzahl von Jahren widme, hatte mir ergeben, dass die westindischen Formen am dürftigsten bearbeitet worden sind (Abb. 27).“[351]

Das Programm wird erweitert, da das Zoologische Museum in Berlin eine Ausrüstung zur Verfügung stellt, die es erlaubt, „auch die anderen Tiergruppen des litoralen Lebensbezirks in den Kreis unserer Untersuchungen zu zie-

[350] HBSB MfN ZM_S_III_Nachl_Kuekenthal_Luettschwager, S. 7, 8. Orthografie wie im Original einschließlich der Tippfehler.

[351] Kükenthal o. J., RB, S. 1. Dieser 66 maschinenschriftliche Seiten umfassende Bericht entsteht vermutlich kurz nach der Reise, jedenfalls ist er kein Tagebuch. Er wird von Kükenthal für seine „Einleitung und Reisebericht“ in Kükenthal/Hartmeyer 1909 herangezogen.

Abb. 27 Koralle. Foto: W. Kükenthal, o. J., ohne Titel. (HBSB MfN ZM_B_VI_0683)

hen."[352] Die Reise geht zunächst nach St. Thomas, von wo ein Abstecher nach St. Croix gemacht wird, beide stehen damals unter dänischer Kolonialverwaltung. Nach fünfwöchigem Aufenthalt reist Kükenthal über Martinique nach Barbados, von da nach drei Wochen zunächst nach Trinidad. Dort wird eine Pause von zwei Wochen eingelegt, da Kükenthal und Hartmeyer ihren „durch das Arbeiten mit Formol arg zugerichteten Händen eine Erholungspause"[353] gönnen müssen. Die dritte und letzte Station, Kingston auf Jamaica, erreichen die beiden Forscher Ende März 1908. Die Folgen eines Erdbebens, das die Stadt am 14. Januar

[352] Kükenthal o. J., RB, S. 2.
[353] Kükenthal und Hartmeyer 1909, S. 11.

desselben Jahres zerstört hatte, sind jedoch so gravierend, dass Kükenthal und Hartmeyer einer Empfehlung des deutschen Konsuls folgen und sich für ihre weitere Arbeit in Port Henderson einrichten. Von dort tritt Kükenthal Mitte April die Rückreise über New York an.

1911 nehmen reiche Breslauer die Hundertjahrfeier der Universität zum Anlass, großzügige Stiftungen einzurichten, so der Rittergutsbesitzer Paul Schottlaender[354], der 250.000 Reichsmark in eine Stiftung einbringt. Die Zinsen sollen es Professoren der Zoologie und der Botanik ermöglichen, mit ausgesuchten Studenten und Doktoranden Exkursionen zu unternehmen. Kükenthal setzt die Mittel 1914 für zwei Exkursionen ein. Eine geht in den Moldefjord, eine zweite nach Korsika.

Nach Korsika reisen zwei Assistenten und fünf Studenten mit. Einer von ihnen, Johannes Lüttschwager, 1914 als 28. Breslauer Doktorand Kükenthals promoviert, schreibt in seinen Erinnerungen[355]:

„Kükenthal war uns Studenten gegenüber stets von einer echt vornehmen Haltung. Nie habe ich ein aufgeregtes Wort oder Schelten gehört. [...] Auch wenn mir als Anfänger etwas mißlang, war er stets ein tadelloser Chef. Es fiel kein tadelndes Wort eher ein beruhigendes. Als ich später Frühjahr 1914 an der Korsika-Schottlaender Espedition teilnahm, als wir 6–7 Wochen täglich zusammen waren und zusammen arbeiteten, war er stets ein freundlicher und ich sage vornehmer Mann. Bei uns Studenten, die ihm in der Mitarbeit näher standen, hieß es immer: "der Meister". Es zeigt auch die-

[354] Zu Schottlaender siehe auch Damaschun et. al. 2010, S. 213.
[355] HBSB MfN ZM_S_III_Nachl_ Nachl_Kuekenthal_Luettschwager, S. 7–16. Korrekt: Ternate. Zur Orthografie s. Fußnote 348.

ses Wort, wie wir zu ihm standen. Wir achteten sein umfangreiches Wissen und seine Arbeiten. Wir wußten von seinen Reisen nach Westindien, den Fahrten auf Walfangschiffen, der Expedition im Osten nach Tornate."[356]

Noch vor den Exkursionen, nachdem die Hundertjahrfeier der Universität Breslau vorbei ist, geht Kükenthal im Wintersemester 1911/12 als Austauschprofessor nach Cambridge (Mass.). Der Kurator der Universität teilt mit, dass Prof. Gerhardt im WS 1911/12 Kükenthal in der Vorlesung „Vergleichende Anatomie der Wirbeltiere" vertritt, Ferdinand Pax in der Leitung des zoologischen Laboratoriums und Kustos Dr. Zimmer in der Leitung des zoologischen Instituts und Museums.[357] In Harvard liest Kükenthal in dem am 28. September 1911 beginnenden Semester „Zoölogy. – Lectures and laboratory exercises"[358] und in deutscher Sprache über „Certain Aspects of the Comparative Morphology of Vertebrates."[359] „Nach Beendigung meiner Tätigkeit als Austauschprofessor an der Harvard-Universität reiste ich im Februar 1912 nach Californien und hielt mich an der Biologischen Station von La Jolla bei San Diego ein paar Wochen auf."[360] Ein Ergebnis seiner Forschung in diesen Wochen ist sein Aufsatz über die Alcyonarien Kaliforniens.[361] Wie Kükenthal von La Jolla nach Europa zurückreist, ob über Japan oder über New York, ist nicht bekannt. In Breslau

[356] Ebd. S. 8.
[357] UAB, F, Blatt 288.
[358] Official Register of Harvard University, Volume VIII, September 5, 1911, Number 38, Department of Zoölogy, 1911–12, Published by Harvard University, Cambridge, Mass., S. 9.
[359] Ebd., S. 15.
[360] Kükenthal 1913, S. 219.
[361] Ebd.

wird er im April 1912 zurückerwartet. Im Wintersemester 1916/17 wird Kükenthal zum Rektor der Universität Breslau gewählt.

Professor für Zoologie an der Friedrich-Wilhelms-Universität in Berlin und Direktor des Zoologischen Museums 1918–1922

1918 erhält Kükenthal einen Ruf an die Friedrich-Wilhelms-Universität[362] in Berlin. Die Professur für Zoologie ist verbunden mit dem Amt des Direktors am Zoologischen Museum. Darüber hinaus wird Kükenthal Verwaltungsdirektor des Museums für Naturkunde. Das Zoologische Museum befindet sich in dem 1889 eingeweihten Museum für Naturkunde in der Invalidenstraße, zusammen mit dem Mineralogisch-Petrografischen Museum sowie dem Geologisch-Paläontologischen Museum, alle drei unter einem Dach. Eine ehrenvollere und wichtigere Aufgabe für einen Zoologen gibt es im Deutschen Reich nach Kükenthals Ansicht wohl nicht. „Die Aussicht, unter viel grosszügigeren Verhältnissen als s. Z. in Breslau, am ersten deutschen Zoologischen Museum das Ideal zu schaffen, das ihm von einer Schausammlung als Bildungsanstalt für das Volk vorschwebte, war es vor allem gewesen, was ihn veranlasst hatte, Breslau mit Berlin zu vertauschen."[363]

[362] Heute Humboldt-Universität.
[363] Zimmer 1924, S. 174.

Mit Karl August Möbius, einem seiner Amtsvorgänger, hatte Kükenthal schon im Dezember 1894 von Jena aus korrespondiert. Er wollte für Charles Hose, seinen Gastgeber in Sarawak, eine Anerkennung anregen. Hose hatte seine bedeutende zoologische Sammlung dem Berliner Museum gestiftet.

Gegen den Rat seiner Freunde verlässt Kükenthal 1918 „die gemütlichen Mußestunden in dem selbst gebauten behaglichen Heim"[364] in Breslau und die Arbeit in dem von ihm eingerichteten Zoologischen Institut, um sie mit einer nach Meinung seines Kollegen Zimmer ungewissen Zukunft in Berlin zu tauschen. Ob Zimmer hier auf die politisch instabile Lage in Berlin nach dem Ersten Weltkrieg anspielt oder auf die Situation im Museum für Naturkunde selbst, lässt er offen.

Am 25. März 1918 kündigt Kükenthal in einem Brief an seinen Kollegen Hartmeyer seinen Besuch in Berlin an und teilt mit: „Und schliesslich will ich mir auch Wohnungen ansehen."[365] Im April findet er ein Haus in Schlachtensee. Der Ort gehört 1918 noch nicht zu Berlin. Von Hartmeyer war Kükenthal ermutigt worden, sich dort niederzulassen: „Schlachtensee ist hübsch, nicht so weit wie Wannsee und hat häufige und gute Verbindung mit dem Potsdamer Bhf. Von dort müssen Sie dann allerdings noch die Strassenbahn zum Museum benutzen (ca. 15–20 Min.)."[366] Im Februar hatte der „Minister der geistlichen und Un-

[364] Zimmer 1924, S. 172.

[365] Kükenthal an Hartmeyer, 25.03.1918; HBSB MfN ZM SIII, Nachlass Kükenthal W.

[366] Hartmeyer an Kükenthal, 03.04.1918; HBSB MfN ZM SIII, Nachlass Kükenthal W.

terrichtsangelegenheiten"[367] Kükenthal mitgeteilt, welches Diensteinkommen er ihm bewillige, nämlich 9400 Mark jährlich sowie einen „tarifmäßigen Wohnungsgeldzuschuß" von 1300 Mark. Dazu kam eine „Remuneration" von 2400 Mark und eine Vergütung für das Direktorenamt von 4500 Mark. Ferner wird „Gewähr dafür geleistet", dass Vorlesungs- und Prüfungsgebühren in Höhe von 6500 Mark bei ihm verbleiben.[368]

Kükenthal ist zu Beginn des Jahres 1918, als ihn der Ruf nach Berlin erreicht, geschwächt durch eine schwere Erkrankung, unter der er 1914/15 zum ersten Mal leidet, vermutlich Darmkrebs. Die Mangelernährung, die der Krieg ihm auferlegt, tut ein Übriges. Er ist nicht mehr der unverwüstliche Mann, als den ihn Kapitän Ingebrichtsen, die Kollegen und die Freunde bei den Eismeerfahrten 1886 und 1889 oder bei der Reise in den Malaiischen Archipel und zu den Westindischen Inseln kannten.

Ein Bild, das seine Tochter Edith 1917 von ihm malt (Abb. 28) zeigt den Sechsundfünfzigjährigen als zarten, weißhaarigen älteren Herrn[369]. Edith Kükenthal (1893–1968) ist seit 1916 Meisterschülerin in der Malklasse von Prof. Eduard Kaempffer in Breslau, später arbeitet sie als freischaffende Künstlerin. Die Mangelernährung sollte noch lange nach dem Krieg ein Problem bleiben.

Schon vor seinem Umzug nach Schlachtensee fährt Kükenthal häufig nach Berlin, so in der letzten Hälfte des April

[367] Schreiben vom 22.02.1918, U I Nr. 6497 U I K. 1; in Privatbesitz.
[368] Schreiben vom 22.02.1918, U I Nr. 6497 U I K. 1; in Privatbesitz.
[369] Edith Kükenthal (1893–1968) ist seit 1916 Meisterschülerin in der Malklasse von Prof. Eduard Kaempffer in Breslau, später arbeitet sie als freischaffende Künstlerin.

Abb. 28 Kükenthal 1917, gemalt von seiner Tochter Edith Kükenthal. (Foto: S. Bauer, Januar 2012, Privatbesitz)

1918, um bauliche Veränderungen im Museum zu überwachen, wie er am 3. April Hartmeyer ankündigt. Die Bibliothek braucht einen größeren Raum und es gibt verschiedene Vorstellungen, wie der fast fertige Erweiterungsbau am besten zu nutzen sei. Das Berliner Museum hat eine andere Dimension als das kleinere Zoologische Museum in Breslau. So sind im Berliner Zoologischen Museum 1918 schätzungsweise 200.000 Tierarten vertreten. Das entspricht der Hälfte aller damals bekannten Arten.[370]

Das Museum in Berlin ist bei Kükenthals Dienstantritt 1918 schon lange kein Ärgernis mehr für die Friedrich-Wilhelms-Universität wie noch fünfzig Jahre zuvor. Damals waren seine reichen geologisch-paläontologischen, mineralogisch-petrografischen und zoologischen Bestände in den beiden Flügelgebäuden des ehemaligen Prinz-Heinrich-Palais untergebracht. Sie quollen aber langsam bis in die Keller- und Bodenräume des Hauptgebäudes. Der für die anderen Fakultäten unzumutbare Zustand war schließlich durch ein Walross offenkundig geworden, das 1869, wenn auch immerhin nicht mehr lebend, den Durchgang zur Aula versperrt hatte.[371]

Als Kükenthal 1918 sein Amt antritt, hat sein Vorvorgänger, Karl August Möbius, den Umzug in den Neubau in der Invalidenstraße 43 schon längst bewältigt. 1889 hat er die Einweihung gestaltet, zu der auch das Kaiserpaar erschien. Die Bestände für die wissenschaftliche Forschung waren getrennt von der Schausammlung für das Publikum untergebracht.[372] Statt sich in die didaktische Konzeption, die Mö-

[370] Mocek 2010, S. 622.
[371] Damaschun und Landsberg 2010, S. 17.
[372] Lenz 1910, Bd. 3, S. 384.

bius in der Schausammlung umgesetzt hatte,[373] hineinzudenken, bot Wilhelm II. an, für das Museum Exemplare von jagdbarem Wild zu besorgen, unter anderem einen Keiler. Die Nacktschnecken aus der Kieler Bucht schienen ihn weniger zu interessieren. Möbius vermerkte diese Szene in seinem Tagebuch.[374] Man kann in diesem Auftreten des Kaisers eine seinem Amt unangemessene Impulsivität sehen, ja sogar eine gewisse Taktlosigkeit in der Art des Auftretens.[375]

Wie schon 1898 in Breslau setzt Kükenthal auch 1918 in Berlin sein außerordentliches Organisationstalent und seine Arbeitskraft für die Umsetzung seiner Pläne ein, wobei er infolge des Krieges eine besonders schwierige Lage im Hinblick auf das Personal vorfindet. Im Frühling 1922 kehrt die Krankheit, die ihn schon 1914/15 geschwächt hatte, zurück. Er stirbt am 22. August 1922, kurz nach seinem 61. Geburtstag. Wie Carl Zimmer 1924, zwei Jahre nach seinem Tod, in seinem Nachruf vermerkt, sind zu diesem Zeitpunkt „erst die Anfänge dieser neuen Schausammlung“[376] fertiggestellt.

Kükenthals wissenschaftliche Verdienste spiegeln sich unter anderem auch in seinen zahlreichen Mitgliedschaften in wissenschaftlichen Vereinigungen: Die *Schlesische Gesellschaft für vaterländische Cultur* ernennt ihn im November 1898 zu ihrem wirklichen Mitglied. *The Zoological Society Of London* beruft Kükenthal im Dezember 1909 als korrespondierendes Mitglied, die *Regia Societas Scientiarium*

---

[373] Helbing 2010, S. 32.
[374] Köstering 2010, S. 45.
[375] Clark 2009 beleuchtet den Charakter des Kaisers unter Berücksichtigung der Umstände, unter denen er aufwächst, S. 40–45.
[376] Zimmer 1924, S. 174.

Upsaliensis ernennt ihn im März 1911 zum ordentlichen Mitglied. In der Urkunde wird ihm in geschliffenem Latein bescheinigt, er sei berühmt und habe sich Verdienste um die Wissenschaft erworben: "virum studio litterarum illustrem, praeclaris in scientias meritis inclitum, dominum Vilhelmum Kükenthal."[377] 1919 ernennt ihn „Die Gesellschaft naturforschender Freunde zu Berlin" zu ihrem außerordentlichen Mitglied. Im selben Jahr wird er ordentliches Mitglied der Preußischen Akademie der Wissenschaften.

Seine internationale Vernetzung mit Zoologen ist nicht nur durch seine wissenschaftliche Forschung belegt, sondern auch durch seine Korrespondenz. Aus Kükenthals Zeit in Jena und Breslau haben sich eher zufällig allein 110 Postkarten und leere Briefumschläge erhalten,[378] die er aufbewahrte, weil er Briefmarken sammelte. Unter den Absendern sind Konservatoren zoologischer Museen und Fachkollegen vertreten, die meisten (81) aus europäischen Ländern. Unter ihnen waren die Kontakte zu den skandinavischen Ländern am intensivsten. Aber auch aus den USA, Kanada, Ländern Südamerikas, afrikanischen Ländern, Britisch-Indien, Japan und Neuseeland findet sich Post, die Kükenthals Verbindungen zu dortigen Forschern belegt.

Die preußische Regierung bringt ihre Anerkennung seiner Leistung durch die Verleihung von Orden zum Ausdruck: Im Juli 1908 erhält er den Roten Adlerorden vierter Klasse, im Juli 1911 den Königlichen Kronenorden dritter Klasse. Im März 1916 ernennt Wilhelm II. ihn zum Ge-

---

[377] UAB, F, AUW/0719/1/7/2016.

[378] Die Dokumente befinden sich in Privatbesitz.

heimen Regierungsrat und im August 1918 wird ihm vom Kaiser das Verdienstkreuz für Kriegshilfe verliehen.

Aus seiner mehr als hundert Titel umfassenden Publikationsliste sei hier erinnert an das von ihm begründete *Handbuch der Zoologie* sowie an den *Leitfaden für das zoologische Praktikum,*[379] der noch heute die Studentinnen und Studenten der Biologie begleitet.

Anhang

Brief von Willy Kükenthal an Karl August Möbius vom 13.12.1894

„Jena d. 13 Dec 94

Sehr geehrter Herr Geheimer Rath!

Mr. Hose versteht leider kein Wort deutsch, seine Adresse ist. Mr. H., Resident of Baram, Sarawak, Borneo. Daß Ihnen die geschenkte Sammlung gefallen hat, freut mich sehr; es wird wohl wieder eine längere Zeit vergehen, bis er von Neuem gesammelt hat, da ich so ziemlich Alles, was er besaß, mitnahm.

Mit hochachtungsvollem Gruß

Ihr sehr ergebener Willy Kükenthal“[380]

---

[379] Kükenthal 1898; Storch und Welsch 2014.

[380] Kükenthal an Möbius, 13.12.1894; HBSB MfN ZM SIII, Nachlass Kükenthal W.

Literatur

Baker JG (1892) The irideae. Georg Bell & Sons, Covent Garden, London

Bauer S (Hrsg) (2015) Tagebuch Willy Kükenthal. Springer, Heidelberg

Beccari O (1904) Wanderings in the great forests of borneo.Travels and researche of a naturalist in Sarawak. Archibald Constable Co, London

Bericht über die Senckenbergische naturforschende Gesellschaft in Frankfurt am Main. (1895) Gebr. Knauer, Frankfurt, S XCII–CI

Brehm A (1878) Brehms Thierleben. Bibliographisches Institut, Leipzig

Cheng Song Huat, Choy L (2000) Kamus. Bahasa Melayu, Bahasa Cina, Bahasa Inggeris. United Publishing House, Seri Kembangan, Selangor

Clark C (2009) Wilhelm II. Die Herrschaft des letzten deutschen Kaisers. Random-House, München

Damaschun F, Landsberg H (2010) „...so bleiben dem materiell Gesammelten und geographisch Geordneten fast allein ein langdauernder Werth" – 200 Jahre Museum für Naturkunde in Berlin. In: Damaschun F et al (Hrsg) Art, Ordnung, Klasse. 200 Jahre Museum für Naturkunde. Basilisken, Berlin, S 13–22

S. Bauer, *Briefe und Tagebuchaufzeichnungen Willy Kükenthals von seiner Reise in den Malaiischen Archipel 1893–1894*, https://doi.org/10.1007/978-3-662-54877-6

Damaschun F, Hackethal S, Landsberg H, Leinfelder R (Hrsg) (2010) Art, Ordnung, Klasse. 200 Jahre Museum für Naturkunde. Basilisken, Berlin

edoc.hu-berlin.de/ebind/hdok/H24_Virchow/XML/index.xml. 07.01.2017

Förster L (2017) Problematische Provenienzen. Museale und universitäre Sammlungen aus postkolonialer Perspektive. In: Deutscher Kolonialismus. Fragmente seiner Geschichte und Gegenwart. Stiftung Deutsches Historisches Museum, Berlin, S 154–161

Geulen C (2007) Geschichte des Rassismus. Beck, München

Haberlandt G (1893) Eine botanische Tropenreise. Indo-Malayische Vegetationsbilder und Reiseskizzen. Engelmann, Leipzig

Haeckel E (1910) Sandalion. Eine offene Antwort auf die Fälschungs-Anklagen der Jesuiten. Neuer Frankfurter Verlag, Frankfurt

Helbing J (2010) Entwurfs- und Baugeschichte des Museums für Naturkunde. In: Damaschun F et al (Hrsg) Art, Ordnung, Klasse. 200 Jahre Museum für Naturkunde. Basilisken, Berlin, S 28–32

Hose C, McDougall W (1912) The pagan tribes of borneo Bd. I. MacMillan, London

Karsten G (1896) Bücherbesprechung. Kükenthal, Dr. Willy, Im Malayischen Archipel. Geogr Z 2(8):476–477. www.jstor.org.359218229.erf.sbb.spk-berlin.de/stable/i27803053. 07.01.2017

Köstering S (2010) Eine „Musteranstalt naturkundlicher Belehrung“ – Museumsreform im Berliner Naturkundemuseum 1810 – 1910. In: Damaschun F et al (Hrsg) Art, Ordnung,

Klasse. 200 Jahre Museum für Naturkunde. Basilisken, Berlin, S 37–45

Küchenthal W (1928) Geschichte des Geschlechtes Küchenthahl, Küchendahl, Kükenthal, Kückenthal, Kückendahl. Reichardt, Braunschweig

Kükenthal W (1890) Forschungsreise in das europäische Eismeer 1889. Bericht an die Geographische Gesellschaft in Bremen. In: Sonderabdruck aus der von der Geographischen Gesellschaft in Bremen herausgegebenen Zeitschrift „Deutsche Geographische Blätter". Bremen: Kommissionsverlag G. A. von Halem. http://tudigit.ulb.tu-darmstadt.de. 07.01.2017

Kükenthal W (1896a) Ergebnisse einer zoologischen Forschungsreise in den Molukken und Borneo, im Auftrage der Senckenbergischen naturforschenden Gesellschaft. Erster Teil: Reisebericht. Abhandlungen der Senckenbergischen Naturforschenden Gesellschaft, Bd. 22. Moritz Diesterweg, Frankfurt am Main

Kükenthal W (1896b) Ergebnisse einer zoologischen Forschungsreise in den Molukken und Borneo, im Auftrage der Senckenbergischen naturforschenden Gesellschaft. Teil 2: Wissenschaftliche Reiseergebnisse. Moritz Diesterweg, Frankfurt am Main (Abhandlungen der Senckenbergischen Naturforschenden Gesellschaft, 23. Band, Heft 1, 1896, Heft 2–4, 1897)

Kükenthal W (1898) Leitfaden für das zoologische Praktikum. Gustav Fischer, Jena

Kükenthal W (1913) Über die Alcyonarienfauna Kaliforniens und ihre tiergeographischen Beziehungen. Zoologische Jahrbücher für Systematik, Bd. 35, Heft 2.

Kükenthal W, Hartmeyer R (1909b) Ergebnisse einer zoologischen Forschungsreise nach Westindien. Zoologische Jahrbücher, Suppl. 11, Heft 1. Gustav Fischer, Jena

Kükenthal W (1909a) Darwin und sein Lebenswerk. Vortrag gehalten in der Schlesischen Gesellschaft für Vaterländische Kultur. Schlesische Zeitung vom 13.2.1909 (Sonderdruck)

Kükenthal W (o J) Bericht über eine zoologische Forschungsreise nach Westindien im Jahre 1907

Lenz M (1910) Wissenschaftliche Anstalten, Spruchkollegium, Statistik. Geschichte der Königlichen Friedrich-Wilhelms-Universität zu Berlin, Bd. 3. Verlag der Buchhandlung des Waisenhauses, Halle a.d.S

Low H (1848) Sarawak, its inhabitants and production: beeing notes during a residence in that country with H. H. the Rajah Brooke. Bentley, London

Luthers M (Hrsg) (1966) Bibel oder die ganze Heilige Schrift des Alten und Neuen Testaments nach der deutschen Übersetzung Martin Luthers. Württembergische Bibelanstalt, Stuttgart

Miklucho-Maclay, Nicolaevic N (1876) Über die künstliche Perforatio Penis bei den Dajaks auf Borneo. In: Verhandlungen der Berliner Gesellschaft für Anthropologie, Ethnologie und Urgeschichte. Wiegandt, Hempel & Parey, Berlin, S 22–28

Mocek R (2010) Von Emil Du Bois-Reymond zu Gottlieb Haberlandt. Berliner Biologiegeschichte 1875–1933. In: vom Bruch R, Tenorth H-E (Hrsg) Transformation der Wissensordnung. Geschichte der Universität Unter den Linden 1810–2010, Bd. 5. Akademie Verlag, Berlin, S 605–625

Myers S (2009) Birds Of Borneo. Brunei, Sabah, Sarawak And Kalimantan. University Press, Princeton

Osterhammel J (2009) Die Verwandlung der Welt. Eine Geschichte des 19. Jahrhunderts. C. H. Beck, München

Posewitz T (1889) Borneo: Entdeckungsreisen und Untersuchungen; gegenwärtiger Stand der geologischen Kenntnisse, Verbreitung der nutzbaren Mineralien. Friedländer, Berlin

Runciman S (1960) The white rajahs. A history of Sarawak from 1841 to 1946. The University Press, Cambridge

Salvadori T (1874) Catalogo Sistematico Degli Uccelli di Borneo. Annu Museo Civ Di Storia Nat Di Genova 5:1–429

Salvadori T (1891) Ornitologia della Papuasia e delle Molucche. Clausen, Torino

Sarasin P, Sarasin F (1905) Reisen in Celebes. Ausgeführt in den Jahren 1893–1896 und 1902–1903 Bd. 1. C.W. Kreidels, Wiesbaden

Schmidt-Jena H (Hrsg) (1914) Was wir Ernst Haeckel verdanken. Ein Buch der Verehrung und Dankbarkeit Bd. I, II. Unesma, Leipzig (Im Auftrage des deutschen Monistenbundes herausgegeben von Heinrich Schmidt-Jena)

Stielers Handatlas (1905) Perthes, Gotha

Storch V, Welsch U (2014) Kükenthal – Zoologisches Praktikum, 27. Aufl. Springer, Heidelberg

Sudhaus W (2015) Gedenken an Walther Arndt anlässlich seines 70. Todestages. In: Sudhaus W (Hrsg) Sonderdruck, Sitzungsberichte der Gesellschaft Naturforschender Freunde zu Berlin, im Auftrag des Vorstandes, Bd. 51. Goecke & Evers, Keltern, S 95–129

Uschmann G (1959) Geschichte der Zoologie und der zoologischen Anstalten in Jena 1779–1919. Fischer, Jena

Virchow R (1893) Die Gründung der Berliner Universität und der Uebergang aus dem philosophischen in das naturwissenschaftliche Zeitalter: Rede am 3. August 1893 in der Aula der Königlichen Friedrich-Wilhelms-Universität zu Berlin. Becker, Berlin

Wahrig G (1980) Deutsches Wörterbuch. Verlagsgruppe Bertelsmann GmbH

Wehler H-U (1995) Von der deutschen „Doppelrevolution“ bis zum Beginn des Ersten Weltkrieges 1849–1914. Deutsche Gesellschaftsgeschichte, Bd. 3. Beck, München

Weidner H (Hrsg) (1963) Friedrich Zacher – Vierzig Jahre Vorratsschutz in Deutschland. Duncker & Humblot, Berlin

Wiktor J (2002) Museum of Natural History Wrocław University. History and People 1814–2000. Bogucki Wydawnicko Naukowe, Poznan–Wrocław

Zimmer C (1924) Willy Kükenthal. Sonderdr Mitt Zool Mus Berl 2(11):169–174